以渔净水 一举多赢

湖库富营养化水体生态修复理论与方法

蒋发俊　吕　军　著

·北　京·

内容简介

本书阐述了湖库富营养化水体治理净化的科学有效的理论基础和体系。解决问题的基本思路，就是将湖库水体富营养化物质（包括底泥有机物）通过水域生态系统转化为饵料生物，进而转化为渔类，随着渔获物年复一年的捕捞，将有机营养物质带出，脱离湖库水体，从而达到一举多赢的效果。

本书对淡水生态学、水生微生物学、湖库生态渔业、水生生物多样性等领域相关的科技人员、大专院校师生，水库渔业、湖库富营养化水体治理以及碳汇项目相关的技术管理人员与其他从业人员等均具有参考借鉴价值。

图书在版编目（CIP）数据

以渔净水　一举多赢：湖库富营养化水体生态修复理论与方法/蒋发俊，吕军著. —北京：化学工业出版社，2022.12

ISBN 978-7-122-42286-6

Ⅰ. ①以…　Ⅱ. ①蒋…②吕…　Ⅲ. ①湖泊养鱼-富营养化-生态恢复-研究　Ⅳ. ①S964.4②X524

中国版本图书馆 CIP 数据核字（2022）第 181295 号

责任编辑：张林爽　　　　装帧设计：张　辉

责任校对：赵懿桐

出版发行：化学工业出版社

（北京市东城区青年湖南街 13 号　邮政编码 100011）

印　　装：天津盛通数码科技有限公司

880mm×1230mm　1/32　印张 5½　字数 90 千字

2023 年 1 月北京第 1 版第 1 次印刷

购书咨询：010-64518888　　　　售后服务：010-64518899

网　　址：http://www.cip.com.cn

凡购买本书，如有缺损质量问题，本社销售中心负责调换。

定　　价：50.00 元

以渔净水 一举多赢

前 言

·PREFACE·

我国湖泊水库资源丰富，有天然湖泊（$>1km^2$）2693个，总面积$7.8\times10^4km^2$；水库（或人工湖泊）9.88万个，总库容$9.323\times10^{12}m^3$。随着社会经济的快速发展，许多湖库等大水面出现了水体富营养化，水体生态系统功能退化，水生生物多样性大幅降低。水域富营养化越严重，则渔业资源越匮乏，两者形成了相互强化的正反馈的恶性循环。

十多年来，国家在控源、截污、减排、大力减少外来污染方面投入巨资，已经取得了显著的效果，但其边际效益越来越小。湖库水体富营养化内部治理净化成了迫切、重要且必须解决的问题。目前为止，这方面还没有科学有效的解决措施和方法，现在普遍认为移栽与恢复沉水植物是水环境富营养化治理主要、有效的途径，并在这方面花费大量人力、物力和财力进行了许多实践与试验，但收效甚微。本书从富营养化水体透明度低等因素分析，发现沉水植物无法进行光合作用生长，恢复难度很大。即使排除万难，恢复了沉水植物群落，接下来怎样将这些沉水植物搬离水体，又成了难上加难的艰巨任务。若不能搬离水体，沉水植物死亡腐烂后又回归了水体，造成更大的二次污染，甚至造成严重的生态污染灾害。

本书所提出的解决上述问题的根本思路，就是将湖库水体富营养化物质（包括底泥有机物）通过水域生态系统转化为饵料生物，进而转化为渔类，随着渔获物年复一年的捕捞，带出有机营养物质脱离湖库水体，从而达到一举多赢的效果。

湖库渔业能够解决富营养化水体治理问题吗？若要实质性解决该问题，前提是通过湖库渔获物捕捞带出的营养物质，必须与外源营养盐输入量相抗衡，此时渔获物的捕捞量是解决该湖库富营养化水体治理的临界值，或说拐点。要达到临界值以上，湖库渔类产量要达到现在湖库普遍产量的数倍，这是量变到质变的过程。怎样让湖库渔类产量成倍增长呢？这是本书所要解决的主要问题之一。

必须摒弃仅以鲢鳙鱼类为主的品种单一的湖库渔业思维模式，站在生态渔业角度，考虑湖库水域生态系统食物链（网）结构的完整性，维持基础食物源向上方营养级传递物质和能量的运转，尽量提高物质能量的转化效率，科学匹配以底栖生物为主要食饵生物的渔类，以及以小型野杂鱼类为主要食饵生物的凶猛鱼类。

接下来的问题是，如何促使沉积有机物最大限度地转化为饵料生物，怎样促进沉积有机物衍生出尽可能多的基础食物源，采取什么措施最大限度地促进底泥有机物转化为底栖动物，恢复丰富的底栖动物群落。

本书从水温分层以及富营养化湖库底部光合作用弱，分析论证了富营养化湖库底栖动物群落稀少最主要的原因，就是这些湖库底部长时间处在严重缺氧的状态，绝大多数底栖动物无法生存。要恢复底栖动物群落，最大限度地促进底泥有机物转化为底栖动物，必须改善富营养化湖库底部缺氧的环境。

本书找到了促使沉积有机物最大限度地转化为饵料生物科学有效的方法，那就是晴朗天气的中午时分，促进底泥再悬浮与上下水层交流，让沉积有机物进入水体生态系统循环运转之中，并改善湖库底部溶解氧状况，促进有机物衍生出尽可能多的基础食物源。

渔获物产量达到临界值，即可与外源营养物质输入相抗衡，也就是说，每年外源输入的营养物质，都可以通过转化为渔获物这个载体脱离水体。渔类作为富营养化水体治理中最理想的转化载体，其意义绝不仅仅如此。

大力发展与培育湖库渔业碳汇，通过更高产量渔获物带出更多碳汇量的同时，维持湖库水体更加庞大的饵料生物固碳量，还可为实现碳中和贡献渔业力量。

以渔净水，变废为宝，提供丰富优质渔获物的同时，富营养化湖库水体得到了治理与净化，又为统筹有序推进碳达峰、碳中和做出应有的贡献，一举多赢。

本书在撰写过程中，笔者到驻马店宿鸭湖水库进行了调研活动，获得湖库渔业第一手资料，其间得到了河南省宿鸭湖生态养殖股份有限公司的大力协助，在此表示衷心感谢！

由于笔者学术水平及认知所限，书中难免存在疏漏和不妥之处，敬请广大读者批评指正。

蒋发俊

2022年10月

目录

·CONTENTS·

第一章

我国湖泊水库富营养化水体治理的现状

20世纪90年代以来，我国社会经济快速发展，然而由于湖泊、水库等流域内的农田面源污染和畜禽养殖与水产养殖污染，以及工业废水和周边城镇、农村居民生活污水的大量排放，许多湖泊、水库等大水面出现了水体富营养化、生态系统功能退化等问题。

2006年国务院发布《国家中长期科学和技术发展规划纲要（2006—2020年）》，设立了水体污染控制与治理科技重大专项（以下简称“水专项”）。2007年该专项启动，把我国湖泊富营养化控制与治理的技术研究与示范作为一个主题来实施。通过这些年来大量的工作与不懈努力，一些湖泊等大水面水环境质量有所改善，但整体上只是减缓了富营养化和污染的速率而已。未来一段时间，我国湖泊、水库等大水面富营养化及污染治理依然面临巨大的挑战。

我国湖泊水库富营养化及污染综合治理体现在两个方面：一方面是控源截污减排，大力减少外来污染；第二方面是湖库自身水体富营养化治理。在湖库自身水体富营养化治理方面，近一二十年来采取的方法主要有水生植物恢复法、絮凝沉淀法以及疏浚清淤法。

第一节　控源截污减排措施的成效与挑战

一、控源截污减排的措施

控源截污减排，大力减少外来污染，这也是各级管理部门投入巨资、千方百计要做的事情。控源截污减排采取的措施有点源污染治理与面源污染治理。点源污染有固定污染排放点，如工业废水及城镇生活污水由排放口集中汇入江河、湖泊和水库；面源污染则没有固定污染排放点，如农田面源污染，没有排污管网的生活污水、畜禽养殖废水的排放。

1. 点源污染治理

点源污染由于有固定的污染排放点，污染较为集中，易于控制，可建造污水处理厂进行规模化处理，治理效率较高。

目前，国家针对点源污染建造了大量污水处理厂，并要求所排放污水必须经过处理，必须达到 GB 18918—

2002《城镇污水处理厂污染物排放标准》规定的一级标准的A标准。

2. 面源污染治理

面源污染主要由农田施肥中氮、磷等营养物质，秸秆、植物碎片等废弃物，畜禽养殖粪便污水，水产养殖废水，农村生活污水、垃圾等通过地表径流、农田排水等形式进入水体环境造成，具有范围广以及随机性、累积性等特点，因此，面源污染治理比较复杂，治理难度大。如要求湖泊、水库附近居民、工厂、饭店、人口集聚区等搬离外迁并进行绿化等，要求取缔所有网箱养鱼、围栏养鱼，禁止一切投入品的投放，以及清除湖库周边畜禽水产养殖等，就是面源污染治理的一些措施。

面源污染的第一大来源是流域内的农田污染，我国湖泊、水库等水体的富营养化很大程度是由农田污染带来的过量的氮、磷等造成的。针对农田污染采取的措施：大力推广测土配方施肥、精准施肥、生物防治病虫害等先进适用的农业生产技术，实施化肥、农药减施工程，减少化肥、农药施用量，发展绿色生态农业。

做好农业产业结构调整，加快土地流转，转变生产方式。如滇池沿湖坝区调整为园林园艺、苗木种植和农业休闲观光区域等。

大幅减少畜禽养殖、水产养殖污染。如太湖流域的畜禽养殖场、养殖专业合作社、水产养殖户对畜禽粪便、养殖废水进行了无害化处理，实施污水达标排放。

二、控源截污减排的艰巨性

1. 点源污染治理中存在的问题

点源污染治理方面虽然按要求都需要建造污水处理厂进行处理并达标排放，但治理效果并不尽如人意，仍存在许多困难。

其一是污水处理效率较低。我国污水处理厂建设与运营监管薄弱，管网不健全，污水处理设施运行不到位，污泥处理提升空间较大。

其二是污染总量控制缺乏系统设计，质量目标与环境监管脱节，总量控制与浓度控制脱节，水污染控制与水生态保护脱节，以行政区为基础的环境功能区划与流域水污染调控脱节。

其三是污水排放标准问题，GB 18918—2002《城镇污水处理厂污染物排放标准》规定的一级标准 A 标准中总氮质量浓度限值为 15mg/L，是 GB 3838—2002《地表水环境质量标准》中Ⅴ类水标准的 7.5 倍。城市污水处理厂要将排放水中的总氮质量浓度降到 2mg/L 以下，在技术和处理费用上还存在很大困难。

2. 面源污染治理中存在的问题

面源污染治理中农田面源污染治理面临的挑战最大。

调查表明，我国的化肥平均施用水平大大超出国际上公认的为防止化肥对土壤和水体造成危害所设置的 225kg/hm^2 的安全上限。

并且在化肥施用中还存在施肥结构不合理的现象，导致氮肥平均利用率只有 30%～40%，磷肥只有 10%～20%，钾肥只有 35%～50%，每年有大量的肥料养分流失。

三、控源截污减排边际效益越来越小

点源污染治理所面临的最大困难就是污水处理排放标准问题，《城镇污水处理厂污染物排放标准》规定的一级标准 A 标准中总氮浓度限值为 15mg/L，是《地表水环境质量标准》中Ⅴ类水标准的 7.5 倍。即使在技术和处理费用上加大投资，努力将污水处理厂排放水中的总氮浓度降到 2mg/L 以下，考虑到社会经济发展，以及流域城镇人口密度大的布局特征，这方面治理的边际效益也会越来越小。

相对而言，农田面源污染治理的艰巨性更大，我国人口众多，人均耕地少，面临的粮食安全、菜篮子工程供应等压力很大，化肥施用量的减少是有一定限度的，流域内农田面源污染治理的边际效益也会越来越小。

第二节　水生植物恢复法

利用水生植物吸收水中氮、磷等营养物质，以达到减少水体富余营养物质、净化水质目的的方法，称作水生植物恢复法。水生植物一般分为如下几类：挺水植物、浮叶植物、漂浮植物和沉水植物。

挺水植物是指根或根茎生长在水体的底泥之中，有发达的通气组织，茎、叶挺出水面的植物，大多分布于深 0～1m 的浅水处。常见的有芦苇、蒲草、荸荠、荷花、水芹、茭白、香蒲、水葱等。

浮叶植物生于浅水区，叶片漂浮于水面上，根长在水体泥土中，根状茎发达。常见种类有王莲、睡莲、萍蓬草、芡实、荇菜、水罂粟等。

漂浮植物是指根不着生在底泥中，整个植物体漂浮在水面上的一类浮水植物。这类植物的根通常不发达，体内具有发达的通气组织，或具有膨大的叶柄（气囊），以保证与大气进行气体交换。常见的种类有凤眼莲、浮萍、大漂、满江红、槐叶萍等。

沉水植物是指根茎生于泥中，整个植株沉入水中，植物体位于水面下营固着生存的大型水生植物。它们的根有时不发达或退化，植物体的各部分都可吸收养料，通气组织特别发达，有利于在水中缺乏氧气的情况下进行气体交换。沉水植物的叶子大多为狭长带状或丝状。常见的种类有轮叶黑藻、金鱼藻、马来眼子菜、伊乐藻、苦草、菹草、狐尾藻、海菜花等。

一、水深对挺水植物、浮叶植物和漂浮植物生长繁殖的影响

挺水植物根或根茎生长在水体的底泥之中，茎、叶挺出水面；浮叶植物根长在水体泥土中，叶片漂浮在水面上。因此，挺水植物和浮叶植物只能在岸边浅水处、沼泽地生长。

袁桂香等（2011）研究了不同水深梯度对4种常见挺水植物生长繁殖的影响，结果表明，静水条件下，水深60cm对菖蒲、香蒲、水葱和茭白4种挺水植物的生长和繁殖都有显著的抑制作用，淹水深度大于1m时，4种挺水植物均容易死亡。

研究认为，30cm水深为茭白和香蒲最适宜生长的水深；0cm水深为水葱最适宜生长的水深；0cm和30cm水深均适宜菖蒲生长。

另有研究表明，芦苇的最佳生长条件为水深0.3m，香蒲的最佳生长条件为水深0.5m以内。

挺水植物、沉水植物在湖库水域的常态分布如图1-1所示。

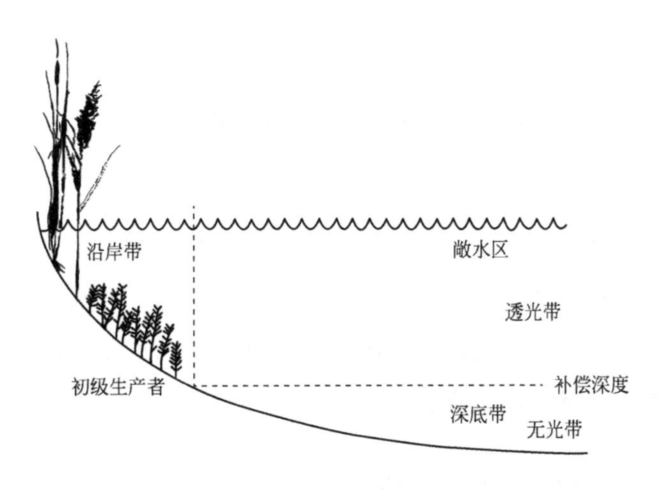

图1-1　挺水植物、沉水植物在湖库水域的常态分布

（来自 Bronmark C et al，2013）

漂浮植物根不着生在底泥中，整个植物体完全漂浮在水面上，但这类植物只适宜生长在上表水层不存在营养限制的水体，如上下水层充分交流的水体、紊动的湖湾或河道局部水域。一般湖泊、水库中心水域夏秋季水温分层，易导致上表水层营养限制，所以漂浮植物并不容易在湖库中心水域生长繁殖。

水葫芦，又称凤眼莲，适应性强，繁殖快，生长旺盛，能有效吸收水中氮、磷等营养物质。滇池的草海通过移植水葫芦在治理水体富营养化方面获得了一定成功（张振华等，2014），2011 年草海水葫芦覆盖面积约 5.56km^2，约占草海水域面积的 50%，草海水葫芦全年鲜草累计生物量约 35 万吨，滇池草海水质状况已有明显改善。

二、光照与沉水植物的恢复

由于沉水植物不怕风浪，不受水深限制，在湖库中心水域也能生存，在水生植物治理水体富营养化过程中承担着重要角色，所以沉水植物恢复被认为是湖库富营养化治理实践的核心。

1. 透光带与光补偿深度

在均匀水柱中，随着深度的增加，光的强度呈指数衰减：

$$I_Z = I_0 e^{-KZ}$$

式中，I_Z 与 I_0 分别为水面下 Z 深度处和水面处的光强；K 为垂直方向的衰减系数，表明光在水体中衰减的快慢。随着水体深度的不断增加，光在水体中的强度迅速减小。

如果将每个深度的光强表示成表面光强的百分比（相对光强）作为横轴，将相应的水深作为纵轴，可以得到一个指数曲线图（图 1-2）。如果将相对光强取对数，光强随水深的变化则呈线性关系。将相对光强进行对数转换主要是为了简化测量 1%表面光强深度的方法。

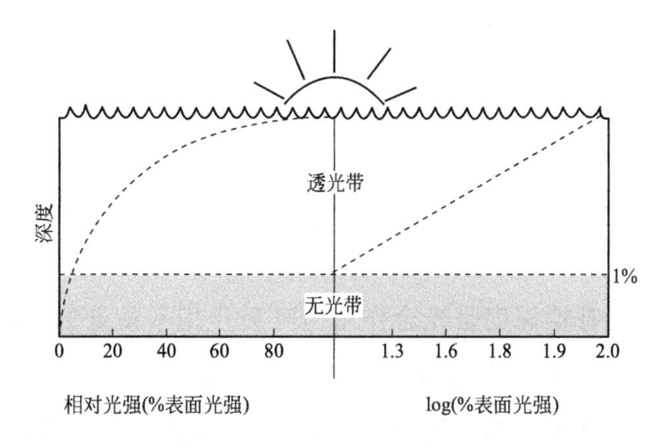

图 1-2 光在水柱中的衰减

（来自 Bronmark C et al，2013）

图 1-2 中左边的曲线表示相对光强（%表面光强），

右边的直线则是相对光强的对数图，直线的斜率为消光系数。1%是线性方程的截距，在生物学上是非常重要的，可以用来估算净光合作用的最大水深。光强高于1%表面光强的区域为透光带，光合作用强度高于呼吸作用，是初级生产者净氧气生产所在的水层，光强低于1%表面光强的区域是无光带，呼吸作用所消耗的氧气要多于光合作用所产生的氧气。透光带和无光带的交界处即光合作用与呼吸作用相互平衡处，该处深度称为光补偿深度或真光层深度。

由于光衰减程度随着悬浮颗粒物浓度增加或者水色变深而加剧，所以光补偿深度在不同自然水体中有所不同。不同学者的研究中光补偿深度有差异，一般情况下，光补偿深度约为水体透明度的1.5倍（曹昀等，2012）；也有学者认为，光补偿深度大约是透明度的2.7倍（徐德瑞等，2021）。

2. 沉水植物的最大分布水深

光补偿深度是光合作用与呼吸作用平衡处的水深，也是水生植物或初级生产者可进行光合作用的最大水深。因此不少学者认为，可以把光补偿深度与水深的比值作为划分是否可恢复沉水植物的标准，比值大于1时，表明水下光照环境可满足沉水植物的生长需求，也就是说，当光补偿深度≥水深时，表明可以恢复沉水植物。

但这存在很大的认识误区，1%表面光强处（光补偿深度）能进行光合作用者其实是能利用微弱光照的一些附着藻类。苔藓、轮藻和被子植物在最大分布水深所需的光强分别为2%表面光强、5%表面光强和15%表面光强。被子植物生长需要的光照最多，而我们常见的沉水植物基本上都是被子植物，如常见的单子叶沉水植物有苦草、马来眼子菜、黑藻、伊乐藻、菹草等；常见的双子叶沉水植物有金鱼藻、狐尾藻等。

大型沉水植物能够生长的最大深度（Z_c）与透明度的关系如图1-3所示。图1-3中所示欧洲贫营养型湖库水体沉水植物分布的最大水深与透明度呈正相关关系，多在透明度附近，由此可以认为水体透明度就是大型沉水植物能够进行光合作用的深度。由图1-3可以看出，水体透明度4～5m时，沉水植物分布的水深可以大于透明度，这是因为在贫营养型水体中沉水植物可以扎根在光强不足以进行光合作用的地方，然后通过植株的长高以接近光照条件较好的水面，从而摆脱光条件的限制。

而在国内富营养化湖库水体生态恢复实践过程中，有研究结果表明，通过测定水体深度和透明度，便可初步判定能否恢复沉水植物种群或群落。当水体深度≤最低透明度时，沉水植物可以恢复；当水体深度>最低透

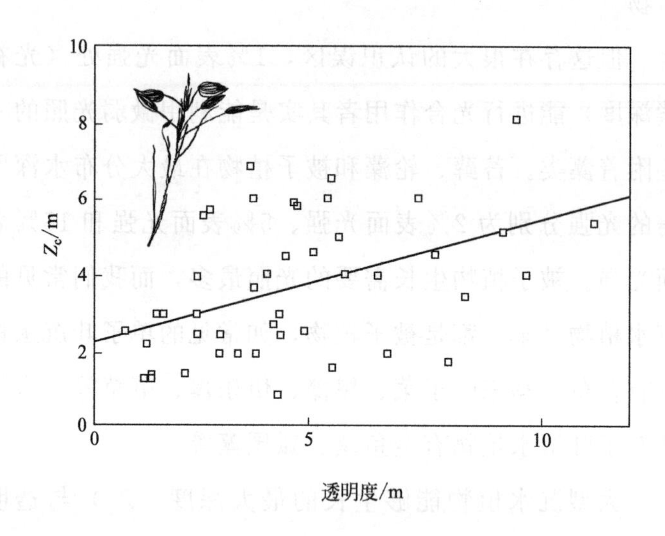

图 1-3 透明度与淡水被子植物最大分布水深的相关关系

（来自 Bronmark C et al，2013）

明度时，沉水植物不可以恢复（曹昀等，2012）。当然，不同沉水植物在不同生长时期对光照的要求不同，要恢复一些具体的沉水植物，需要对光照和透明度的要求进行进一步的试验验证。如苦草在低于 280lx、黑藻在低于 580lx、菹草在低于 602lx、伊乐藻在低于 484lx、狐尾藻在低于 793lx 的光照条件下难以生存。

苦草本身是一种能够忍受弱光的底层沉水植物，在移栽恢复苦草植被时，若考虑苦草的种群更新能力、施工的可操作性和施工成本，在透明度为 1.0～1.5m 的条件下，苦草的适宜种植水深为 0.5～1.0m（顾燕飞

等，2017）。

三、通过恢复沉水植物治理富营养化水体存在的问题

水草茂盛，水质清澈，这是我们现实中经常在影像资料上看到的场景。当沉水植物丰富时，水体表现为水质清澈见底、溶氧量高、藻类密度低、生物多样性指数高等特点。面对湖库等大水面富营养化严重、透明度低、藻华频发、水质恶化等问题，人们自然地想到利用水生植物吸收营养盐，降低水中的营养负荷。人们普遍认为，移栽与恢复沉水植物是水环境富营养化治理的主要有效途径。但其存在的主要问题如下。

1. 因果倒置

湖库水体透明度高，水质清澈见底，底部光照达到了沉水植物光合作用的条件，自然出现沉水植物的生长。前者，即湖库水体能够清澈见底是原因，后者沉水植物茂盛生长是结果。没有前因，希望通过人工大规模移栽沉水植物来治理富营养化水体，是不可能实现的。

湖库富营养化水体治理生态修复方面，有不少教训。如光照条件不具备，就移栽沉水植物；湖泊底部不具备稳定的溶氧环境，就大量投放螺、蚌等大型软体动物等。

2. 通过水生植物移栽和恢复来进行富营养化水体治理的试验与实践

我国从20世纪90年代初开始，就有许多学者通过水生植物移栽和恢复来进行富营养化水体治理的试验工作，例如在无锡太湖马山、无锡的五里湖、武汉东湖、南京莫愁湖、贵州红枫湖、北京什刹海、太湖梅梁湾等水域都实施了生态工程来改善水质。这些规模较小的水生植物恢复试验，在项目实施期间，由于水生植物的成功恢复，使水质得到不同程度的改善。但是，项目完成后，包围试验区的围隔被撤除，原来已经恢复的水生植物和清洁水体很快就消失了，更谈不上扩展延伸到全湖尺度的生态恢复和水质改善（秦伯强等，2014）。

“九五”时期在滇池及“十五”时期在太湖的治理措施，都是以恢复水生植物（特别是沉水植物）为核心的湖泊治理实践，从结果来看收效甚微。

3. 手段与目的混淆

移栽和恢复沉水植物是为了大幅降低湖库富营养化

水体中 N、P 等营养物质含量，其中降低湖库富营养化水体中 N、P 等营养物质含量是目的，移栽和恢复沉水植物是进行富营养化水体治理的手段之一。但现实实践中则常常聚焦于手段而忽略了目的，千方百计于怎样恢复沉水植物这个环节，把移栽和恢复沉水植物当成了目的。

为了达到该目的，人们苦思冥想了许多手段与措施。如降低湖库水位，使底部能够达到沉水植物光合作用生长所需要的光照条件；对于有风浪的水域，消除风浪和阻止沉积物再悬浮，降低悬浮物浓度，增加透明度；通过施用絮凝剂等办法促使悬浮有机物絮凝沉淀，澄清水体，提高透明度；清除底栖鱼类及水生动物，消除这些底栖鱼类和水生动物对底泥的扰动；清除草食性鱼类及以水草为生的水生动物（如河蟹、龙虾等），避免这些水生动物对沉水植物进行啃食破坏；等等。

且不论这些手段与措施的实现难度有多大以及能否持续，单单为了达到恢复沉水植物的目的，所采取的这些手段和措施与富营养化水体治理这一目标南辕北辙！因为这些手段与措施的实施，不但破坏了湖库水体生态，导致水生生物食物网断档瘫痪，而且破坏了水体生态系统的自然修复功能和水体的自我净化能力。

即使侥幸地恢复了沉水植物群落，接下来会遇到更大的难题——怎样将这些沉水植物搬离水体，若不能搬离水体，沉水植物死亡腐烂便会重新回归水体。从系统物质循环的角度来看，N、P等营养物质被水生植物吸收同化，并不意味着它们以后不再参与系统的物质循环，只有水生植物等生物组分被收获或离开系统后，才能认为被该生物组同化的营养盐从系统中消除了。

一些湖泊、湖湾以及江河局部区域疯长的水葫芦，同样可以吸收利用大量的N、P等营养物质，如果说这些水葫芦能在富营养化水体治理上起到正向作用，那么必须以机械化高效打捞相配套作为前提，否则不仅不能净化水体，还势必造成严重的生态污染。

收割打捞沉水植物比起打捞漂浮植物水葫芦难度要更大！

四、水生植物在乌梁素海泛滥成灾

水生植物，特别是沉水植物，可以吸收利用水中N、P等营养物质，起到一定的净化作用。但在水质净化上能起到实质性作用的前提，就是这些水生植物必须搬离水体，不然的话，水生植物枯萎腐烂返还到水体，将会造成更严重的二次污染，甚至造成严重的生态污染灾难。这种由水生植物生长旺盛造成的严重的生态污染灾难就在乌梁素海发生了。

乌梁素海，位于内蒙古巴彦淖尔乌拉特前旗，是黄河改道形成的河迹湖，全球荒漠半荒漠地区极为少见的大型草原湖泊。乌梁素海形似一瓣橘，被芦苇和香蒲分割成大小不一的几个水域。南北长35～40km，东西宽5～10km，面积约293km^2，水深0.5～1.5m，最大水深约4m，蓄水量2.5亿～3亿立方米。近年来，由于大量营养物质入湖，致使乌梁素海水生植物不断扩大面积，湖面上生长着茂盛的芦苇和蒲草，水下形成大片的沉水植物草原，是典型的草原湖泊。

水生植物在乌梁素海全湖范围内广泛分布，大致可以分为挺水植物、沉水植物和漂浮藻类3类（杜雨春子等，2020）。其中挺水植物占湖面的一半以上，主要分布在湖的中部、西岸和北部，挺水植物主要有芦苇（*Phragmites australis*）、香蒲（*Typha orientalis*），其中芦苇为优势种，芦苇外围生长着少量香蒲，面积不大。沉水植物有篦齿眼子菜（*Potamogeton pectinatus*，又称龙须眼子菜）、菹草（*Potamogeton crispus*）、狐尾藻（*Myriophyllum spicatum*）、茨藻（*Najas*）、竹叶眼子菜（*Potamogeton malaianus*）等，其中篦齿眼子菜为绝对优势种，主要分布在明水区。漂浮藻类主要是丝状绿藻，由水棉、双星藻、转板藻3个属的藻类组成。丝状绿藻最初生长于水下，缠绕在沉水植物上或依附在底泥上生长，当其聚集到一定程度后会形成团块，随着光合作用产生的气泡漂浮并露出水面，大量繁殖产生营养竞争，致使上表水层出现局部营养限制，导致这些丝状绿藻大量老化死亡而呈现出黄色，被称为“黄苔”。

三十多年来，乌梁素海水生植被整体呈现比较快的增长趋势。我们先从挺水植物优势种芦苇来说，虽然人们自1988年开始种植芦苇，人工种植芦苇区面积也一直处于增加的趋势，但相比较来说，乌梁素海自然芦苇区面积还是占绝对优势，其面积约占全湖水域总面积的45.8%～51.5%，且呈逐年上升的趋势。海坝以南区域，1986年自然芦苇区面积仅为116.85km^2，到2002年已增加到134.2km^2。从芦苇生物量增长速度看，1975年芦苇产量仅2.3万吨，到1996年上升到6.6万吨，至2002年高达12万吨（于瑞宏等，2004）。之后芦苇持续疯长，2013年测算数据显示，乌梁素海总的芦苇生物量鲜重为67.4万吨（包菡等，2016）。

如果将水生植被覆盖度划分为5个等级，Ⅰ级（极低植被覆盖度，＜5%）、Ⅱ级（低植被覆盖度，5%～20%）、Ⅲ级（中等植被覆盖度，20%～50%）、Ⅳ级

（中高植被覆盖度，50%～70%）和Ⅴ级（高植被覆盖度>70%）。2000—2010 年乌梁素海水生植被增长趋势，Ⅱ级和Ⅲ级植被覆盖度面积转化为Ⅳ级以上的高植被覆盖度的面积分别为 52.98km^2 和 126.03km^2，转化率分别为 14.02%和 57.53%；Ⅳ级直接转化为Ⅴ级的面积为 27.92km^2，转化率高达 49.30%；植被覆盖度为Ⅴ级的增幅明显，面积增加 37.31%（岳丹等，2015）。

2004 年资料显示，因芦苇等水生植物残骸腐烂沉积，20 世纪 50 年代以来湖底累计沉积的厚度已达 360mm，腐烂的水草正以每年 9～13mm 的速度在湖底堆积，致使乌梁素海成为世界上沼泽化速度最快的湖泊之一（于瑞宏等，2004）。

乌梁素海水生植物泛滥成灾，其间采取大量人工与机械打捞，收效甚微。乌梁素海芦苇 4 月开始发芽出青，9 月开始衰退枯黄；以篦齿眼子菜为主的沉水植物 5 月中旬开始萌芽，10 月开始逐渐衰退、枯萎死亡。这些生物量巨大的水生植物枯萎、死亡、腐烂之后，都沉积在湖底。

乌梁素海沉积底泥厚度达 50cm，底泥上面覆盖死亡、腐烂水草残骸达 60cm 以上。这些水草残骸腐烂发酵分解，消耗大量氧气。水体底层常常处于厌氧分解状态，氮气、氨氮、亚硝酸盐以及硫化氢和甲烷等有害分解产物大量存在，底栖动物无法生存，生物多样性丧失。夏秋季节，如遇上暴雨降温天气，上表水层水温低于底层，上下水体被迫交流，底层翻上来，湖区整体处在缺氧状态，引起大量鱼类死亡。乌梁素海水质恶化的程度：湖水不仅不能饮用，也不能用于农田灌溉，甚至不能接触皮肤。

第三节 疏浚清淤法与絮凝沉淀法

一、疏浚清淤法

疏浚清淤法是要对湖泊中营养盐含量非常丰富的底泥进行清除，当然，这是最直接有效的减少内源污染的解决方案。下面就不同规模大小的有代表性的湖库疏浚清淤扩容，分别进行说明。

1. 小型浅水湖泊或池塘的疏浚清淤

疏浚时，施工人员首先将湖泊底泥输送到附近一个坑塘中，让悬浮颗粒物下沉，澄清后再回抽至湖泊。或者为加快沉降速度，用硫酸铝或氯化铁处理，降低湖水中磷浓度后，再抽回到湖泊中。

2. 五里湖的疏浚清淤

五里湖（中型湖泊），又称蠡湖，与太湖北部梅梁湾相连，面积约 8.6km^2，水体富营养化严重，底部沉积有机物多，淤泥厚。为了恢复五里湖生态系统，人们对其进行了富营养化综合整治，并开展疏浚清淤工作。

生态疏浚从 2003 年 11 月 27 日开始，工程持续大半年时间。生态疏浚总面积 5.7km^2，平均清淤厚度 0.5m，共清淤 248×10^{4}m^3；退渔还湖，采取干塘清淤施工方案，累积清理鱼塘、围堰 2.2km^2，挖运土石量 225.5×10^{4}m^3，将五里湖的水面面积从原来的 6.4km^2 扩大到 8.6km^2。

3. 宿鸭湖水库的清淤扩容

对大型富营养化湖库进行全面清淤工程浩大，费用昂贵。张振华等（2014）认为，如用清淤法清理面积为 125km^2 的湖泊沉积物大约需要 275～502 年，且需要庞大的堆放淤泥的场地。底泥清理的同时也清除了底栖生物，降低了生态系统多样性和稳定性。

上述观点难免有些悲观，随着清淤挖泥船的不断改进，淤泥抽取效率的提高，加上科学规划设计与有效组织协调，在富营养化大型浅水湖库综合治理方面，全面清淤扩容是可以考虑的选项之一。笔者认为，对于一些富营养化严重、有机物沉积很多、淤泥非常厚的大型浅水湖库进行全面清淤扩容不失为直接有效的途径。因为通过“以渔净水，变废为渔”逐渐利用消化这些过于庞大的沉积有机物，需要的时间年限太长。

位于河南省驻马店市的宿鸭湖水库，是人工修建的亚洲面积最大、堤坝最长的大型平原型水库。常年水域面积达 130km^2，经过 60 多年的运行，库区淤泥严重。据 2015 年实测，宿鸭湖水库平均淤泥厚度 1m 左右，最大淤泥厚度达 3m。水库死库容已基本淤满，设计死库容为 4160 万立方米，现死库容为 326 万立方米，死库容已淤积 3834 万立方米。兴利和防洪库容也有不同程度的淤积，兴利库容淤积量达 3560 万立方米，防洪库容淤积 358 万立方米。水库淤积量达 7710 万立方米，相当于减少一座接近于大型水库的库容量。

宿鸭湖水库清淤扩容工程已于 2019 年初启动，计划工期 36 个月，工程量为清淤 3775 万立方米，扩容 5327 万立方米，预计总投资 31.6 亿元。清淤扩容后死库容恢复 3338 万立方米，兴利库容扩容 5448 万立方米。该清淤扩容工程已被列入河南省“四水同治”十大重点水利工程之一，也是我国首个大型水库湖泊清淤扩容试点工程。

目前，宿鸭湖水库清淤扩容工程正在进行当中。可以肯定的是，清淤之后，后续的以渔净水、生态修复等科学措施必须跟上，并持之以恒地坚持下去，只有这样预期的理想效果才可能出现。不管投入多少资金进行清淤，都不可能是一劳永逸的。

二、絮凝沉淀法

通过施用絮凝剂促使水体悬浮颗粒凝聚沉淀的措施方法，称作絮凝沉淀法。絮凝剂可以提供大量的络合离子，且能够强烈吸附胶体颗粒，通过吸附、桥架、交联作用，从而使悬浮颗粒凝聚。絮凝的同时还会发生物理化学变化，从而形成絮凝沉淀。

絮凝沉淀法用在水处理沉淀池或污水处理车间的某个环节，都是有效且很有必要的。但在湖库富营养化水体治理上，以及湖库、江河水质监测环保达标要求方面，施用絮凝剂是有害无益的。

水体中磷浓度是环保达标要求监测的最主要的指标，所以实践中最常用絮凝剂都是除磷絮凝剂。除磷絮凝剂可与磷反应形成不溶于水的物质并沉淀下来，目的是使取水样磷浓度监测不出来。这方面絮凝剂多是铁盐和铝盐，铁盐可以和磷形成不溶于水的磷酸铁，最常用的是三氯化铁，有时也会用氯化亚铁、硫酸亚铁、硫酸铁；铝盐可以和磷形成不溶于水的磷酸铝，一般常用氯化铝、硫酸铝。下面列举两个实例来说明。

1. 白沙水库水污染治理及生态修复

白沙水库位于河南省淮河流域沙颍河水系颍河上游，现有水域面积 7500 亩左右。白沙水库水体呈现富营养状态，总氮、总磷含量超标，底泥淤积较厚。根据禹州市环境保护局对白沙水库水质监测数据，依据《地表水环境质量标准》（GB 3838—2002）水质标准限值分析，该水域属于Ⅴ类水质，对照作为饮用水源地水体需达到Ⅲ类水质标准，总氮含量超标 5.39 倍，总磷含量超标 1.2 倍，不符合饮用水源地水质标准（陈保成，2019）。如何在短时间内快速降低氮、磷含量，提升水质，完成水体污染治理工作，确保治理后水质达到地表水Ⅲ类水质标准，采取的措施如下。

① 投入复合硅酸铝水处理剂-改底剂；

② 投入复合硅酸铝水处理剂Ⅰ型；

③ 投入复合硅酸铝水处理剂Ⅱ型；

④ 投入滤食性鱼类进行水生态修复。

以上措施主要还是絮凝沉淀，将含氮、磷悬浮物沉淀到库底，水体澄清了，检测的氮磷浓度降低了，对照地表水Ⅲ类水质标准要求，达标了。但这些含氮磷物质脱离水体了吗？没有！

2. 贵阳市洋水河絮凝剂治污

2017年4月，贵阳市开阳县投资984.7万元在洋水河末段、大塘口监测断面前建设絮凝除磷设施，每年约投入2600万元运行费用，通过直接添加絮凝剂的方式降低洋水河进入乌江干流前的总磷浓度。当时从该断面监测数据看，似乎达到了目标，经过添加絮凝剂，断面监测数据显示水质控制在Ⅲ类至Ⅳ类。

从现场监测数据情况看，洋水河进入乌江干流前的大塘口断面总磷浓度降低了。但实际总磷通过絮凝剂沉降后仍留在河道中，并未有效清除，一旦遇到降雨等因素河道水量较大时，沉降下来的磷污染物仍将会被冲入乌江干流，洋水河总磷污染问题实际并未得到有效解决。

第二章

食物网与营养级

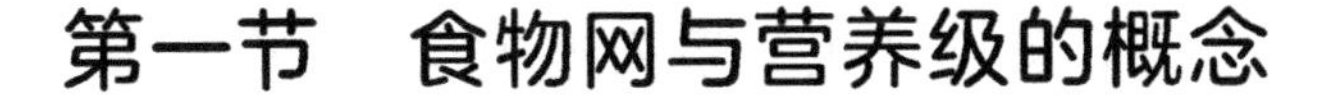

第一节 食物网与营养级的概念

一、食物网

生态系统中物质和能量都是通过食物链的营养级从低向高流动。食物链的本质是物质和能量在群落中从一种生物转移到另一种生物，后者以前一环节生物为食，它自身又被后一环节生物所食用。这一系列食物环节称作营养级。

食物链属于一种纵向直线关系，但在自然水域中这种单纯的直接关系几乎是见不到的。同一捕食者，可以有两种以上的食饵生物，而同一食饵生物又可以被两种以上的捕食者所竞食。所以，群落生物间的营养相关，实际上并非单向的食物链关系，而是由许多长短不一的食物链彼此交叉、纵横联系构成一种网状结构，称为食物网。食物网是生态系统结构和功能的基本表达形式，可以很好地展现生态系统中生物有机体间的物质循环和能量流动过程。

食物网反映生态系统中消费者及其食物相互作用关系是一种错综复杂的网络关系，就像是无形的网将所有的生物有机体涵盖在内，使它们彼此之间有着某种直接或间接的相互作用关系。食物网中某个链接点发生变化，就会产生一系列连锁反应，牵一发而动全网。

举例来说，在一个简单的食物网中（图 2-1），处在最高营养级的食鱼性凶猛鱼类数量的增加，将减少食浮游生物性鱼类的数量，从而导致无脊椎捕食者（如幽蚊）的重要性增加。食浮游生物性无脊椎动物与浮游动物之间的竞争，导致大型浮游动物种群（溞属）占优势。数量增加的大型浮游动物（溞属）能够摄食更多、更广的藻类细胞，且它们单位物质营养盐的排泄速率相比于小型浮游动物更低，这意味着更低的营养盐再生速率，两方面导致浮游植物生物量的大幅减少。

而减少食鱼性凶猛鱼类数量的作用与上述相反：食浮游生物性鱼类种群数量增加，小型浮游动物占优势，浮游植物生物量大幅增加。

二、营养级

营养级是指食物链中一系列的食物环节，其中某环节以前一环节为食，它自身又被后一环节所摄食。营养

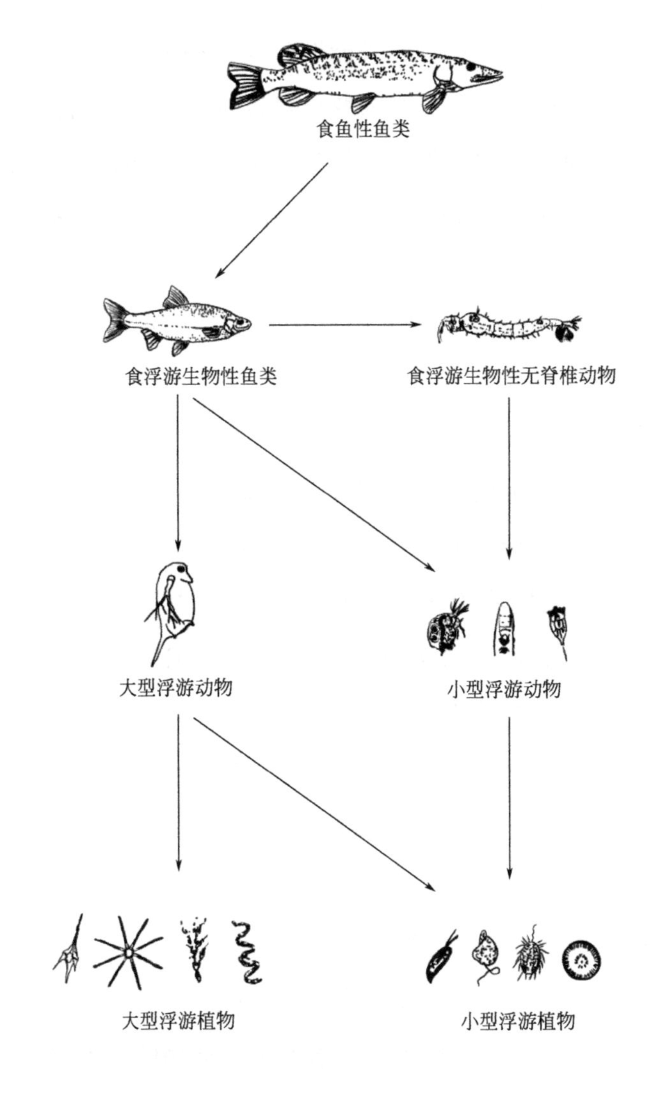

图 2-1 湖库水域生态系统一简单食物网

（来自 Bronmark C et al，2013）

级是生物群落中各种生物之间进行物质和能量传递的营养层级。通过计算营养级能够确定某种消费者在食物链中的相对位置，营养级的变化可以反映该消费者的主要食物源的丰度和食物分布的变化情况，平均营养级的改变还能反映出消费者群落结构和生态系统营养格局的变化。

按 Odum 和 Heald(1975）的方法，水生生物群落食物链各营养级可以用 0、1、2、3、4 分别表示第一到第五营养级。藻类、细菌与水生植物为 0 营养级，滤食藻类、细菌与草食性的水生动物为 1 营养级，食浮游动物与摄食1 营养级的水生动物为 2 营养级，3、4 营养级之间没有明显界限，一般泛指食鱼性的凶猛鱼类，以捕食底栖动物、小型鱼类为主的如鲈鱼、红鲌、乌鳢、鳜鱼等为 3 营养级，更大型、口裂更大的食鱼性凶猛鱼类（如鳡鱼）归属于 4 营养级。

鱼类营养级的计算公式：

$$T=1+\sum_{i=1}^{s} t_i P_i$$

式中 T——某种鱼类的营养级；

1——水生动物的最低营养级，即全部滤食藻类、细菌或食草类水生动物的营养级；

t_i——第 i 种饵料生物的营养级；

P_i——第 i 种饵料生物在鱼类肠管内所占（重量）百分比；

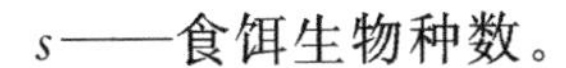

s——食饵生物种数。

例如，鲢的食物组成中有90%的藻类（营养级0）和10%的浮游动物（营养级1.1），则鲢的营养级为：1+90%×0+10%×1.1=1.1（取一位小数）。

常见的鱼类食饵生物营养级：藻类、细菌、水草0级，称作基础饵料食物源；水生昆虫幼虫1级；原生动物、轮虫、甲壳类幼体、糠虾类1.1级；螺类、蚌贝类1.2～1.3级；水生昆虫、寡毛类、枝角类1.4级；桡足类1.5级；端足类钩虾、十足类螯虾1.6级；小型鱼类、仔幼鱼2.1级。

三、林德曼定律

食物链中后一营养级（$n+1$）所摄食利用的食物能量和前一营养级（n）所提供的可用食物能量相比是非常少的。食物链中，能量通过不同营养级转换的效率称为同化（消费转化）效率。林德曼曾提出所谓“十分之一”定律，即平均而言，食物链中前一营养级（n）的生物量仅仅有10%为后一营养级（$n+1$）生物所利用而转化为自身的物质，也就是说，营养级之间的能量物质转换效率约为10%。

湖库水域生态营养级的金字塔模型如图2-2所示。

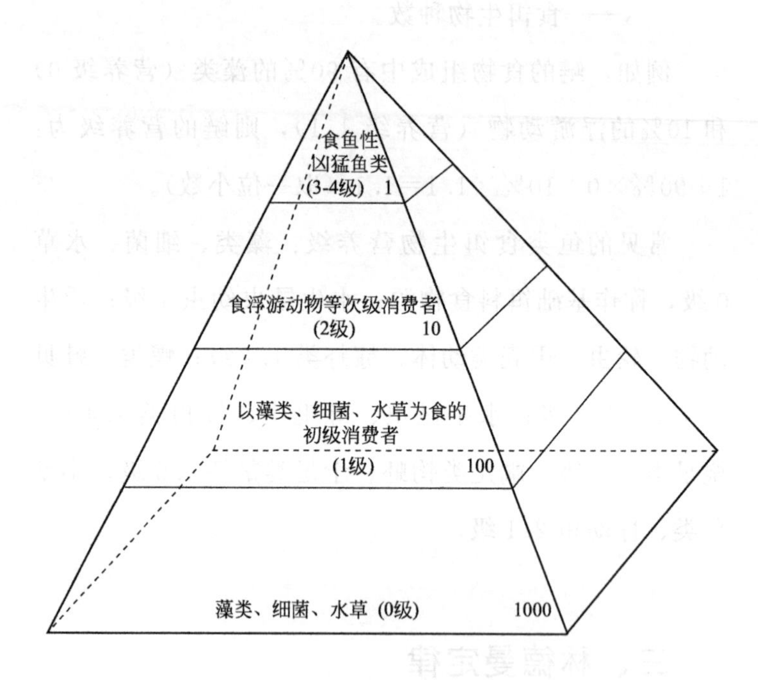

图 2-2 湖库水域生态营养级的金字塔模型

（改自殷名称，1995）

每经过一个营养级，物质和能量都要逐级递减。

逐级递减的原因主要是：

① 各营养级消费者不可能百分之百地利用前一营养级的生物量，总有其中一部分会自然死亡并被细菌所分解利用。

② 各营养级的食物同化率不是百分之百，总有一部分变成排泄物留于环境中，为细菌分解者利用。

③ 各营养级生物要维持自身的生命活动，总要消

耗一部分能量，这部分能量会变成热能而耗散掉。

第二节　食物网和营养级的研究方法

水域生物食物网和营养级的研究方法主要包括胃肠内容物分析法、碳氮稳定同位素分析法。

一、胃肠内容物分析法

胃肠内容物分析法是鱼类生态学中鱼类食性研究的传统方法。该方法比较直观，也是最简单、最有效且被广泛认可的分析方法，但存在一些缺陷。在消费者肠道内所发现的食物类型只能代表消费者捕获前的进食情况，因此该方法仅能检测到消费者在短时间内的进食情况，所得的结果或许只是消费者食谱中很小的一部分。要全面了解消费者的进食情况，就必须在消费者的生长季节从各种微栖息地中进行多次采样，这显然很耗时费力。

此外，消费者对不同饵料生物的消化吸收程度也不同。在肠道中发现了某种饵料生物并不能说明这种生物将被消化吸收用于消费者的生长。许多生物都发展出了可以通过消费者的消化道而不被伤害的本领。而且肠胃内容物中极易被消化的物质不易辨别，很容易高估难消化种类的比例。镜检所观察到的胃肠内容物，要么难以辨认，要么难以确定能否吸收利用，不能准确确定不同饵料生物对消费者的贡献率。

同时，胃肠内容物分析法在研究小型动物食性方面存在困难。因此，传统的胃肠内容物分析法常常需要稳定同位素技术进行校正、补充，二者结合起来对水域食物网进行分析和研究。

与传统的胃肠内容物分析法相比，稳定同位素技术能整体呈现生物的长期摄食、同化吸收及生长情况，可用于消费者食物组成的定量研究和不同饵料生物对消费者生长的贡献率研究。

二、碳氮稳定同位素分析法

碳氮稳定同位素分析法是根据消费者稳定性同位素比值与其食物相应同位素比值相接近的原则来判断消费者的食物来源，从而确定消费者的食物组成。所取样品是该动物体的一部分或全部，能反映该动物长期生命活动的结果。碳氮稳定同位素分析法还能对低营养级或个体较小动物的营养来源进行准确测定，进而为确定生物种群间的相互关系及对整个生态系统的能量流动进行准确定位。

碳氮稳定同位素分析法可以有效克服胃肠内容物分析法的不足，能反映动物较长时间的摄食情况。其中碳稳定同位素比值常用于探讨消费者的营养来源，氮稳定同位素比值常用来估算消费者的营养级。

1. 碳稳定同位素比值（以 $\delta^{13}C$ 表示）

$$\delta^{13}C(‰)=[(R_{样本}/R_{标准})-1]\times1000$$

式中，R 表示$^{13}C/^{12}C$ 的比值。

空气中^{12}C 和^{13}C 的比例为 99：1。然而，初级生产者通过光合作用合成的有机物中^{13}C 的含量会因其身体机能或生长环境的不同而异。这使得植物有一个特征性的$^{13}C/^{12}C$ 值，称为 $\delta^{13}C$。因为初级生产者合成的能量在食物链中流动的过程中 $\delta^{13}C$ 变化极小，从饵料生物到捕食者，碳稳定同位素只产生很小的分馏，且摄食不同来源的食物 $\delta^{13}C$ 值具有明显的差异。因此，碳稳定同位素可以指示摄食关系和能量流动路径，例如可以确定基础食物源是湖泊生态系统中藻类或植物合成的，还是来自有机物碎屑。

表 2-1 中碳稳定同位素 $\delta^{13}C$ 值，悬浮物（碎屑）

为－28.148‰，浮游植物为－26.600‰，浮游动物为－25.492‰，底栖动物－25.576‰～－21.529‰，其中摇蚊幼虫的$\delta^{13}C$值变化幅度较大，标准差为1.472‰。

表2-1 青草沙水库食物源及消费者的碳氮稳定同位素特征

（改自胡忠军等，2019）

种类	样本数	$\delta^{13}C$/‰		$\delta^{15}N$/‰	
		均值	标准差	均值	标准差
基础食物源					
悬浮物(碎屑)	3	－28.148	0.120	6.830	0.099
浮游植物	2	－26.600	0.780	6.805	0.039
无脊椎动物					
浮游动物	2	－25.492	0.908	9.715	0.114
沙蚕科 Nereididae	4	－23.222	0.563	12.537	0.383
丝异蚓虫 *Heteromastusfiliformis*	2	23.785	0.472	11.192	0.981
石缨虫 *Laonome* sp.	3	－24.918	0.070	9.811	0.424
摇蚊科 Chironomidae	2	－25.576	1.472	8.592	0.618
短纹蛤 *Meretrix perechialis*	3	－24.100	0.130	9.517	0.614

通常认为摄食者与其食物的碳稳定同位素比值$\delta^{13}C$

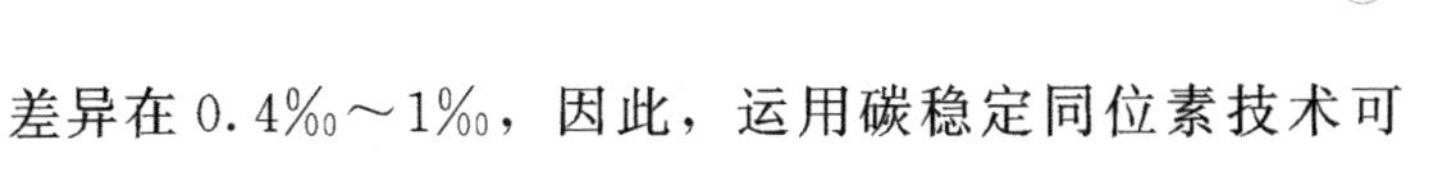

差异在0.4‰～1‰，因此，运用碳稳定同位素技术可以对消费者进行食物溯源。

浮游动物的$\delta^{13}C$值与浮游植物相差约1‰，而与悬浮物（碎屑）相差较大，约为2.7‰，说明青草沙水库浮游动物（样本）的食物来源主要为浮游植物。两个批次摇蚊幼虫样本的$\delta^{13}C$值相差1.472‰，说明两个批次摇蚊幼虫食物来源不同，或摄食藻类，或摄食有机碎屑（胡忠军等，2019）。

2. 氮稳定同位素比值（以$\delta^{15}N$表示）

$$\delta^{15}N(‰)=[(R_{样本}/R_{标准})-1]\times 1000$$

式中，R表示$^{15}N/^{14}N$的比值。

对于^{15}N和^{14}N的比值（$\delta^{15}N$），每升高一个营养级$\delta^{15}N$将增加3‰～4‰。因此，如果设定食物链中基准营养级生物的$\delta^{15}N$值，那么就可以计算出其他营养级生物的$\delta^{15}N$值。通过比较消费者与其饵料生物的稳定同位素含量就可以推测出在较长的时间尺度上哪种食物对于消费者的生长更重要。

消费者（鱼类）的营养级（Trophic Level，简写为TL）通过下面的公式计算：

$$TL=(\delta^{15}N_{消费者}-\delta^{15}N_{基线})/\Delta\delta^{15}N+\lambda$$

式中，$\delta^{15}N_{消费者}$为所测算消费者（鱼类）的$\delta^{15}N$值；$\delta^{15}N_{基线}$为食物网中作为基线生物的$\delta^{15}N$值；$\Delta\delta^{15}N$

为营养级传递过程中的富集值，平均值约为 3.4‰；λ 是该基线生物的营养级，初级生产者时 $\lambda=0$，初级消费者时 $\lambda=1$。

邓华堂等（2015）运用氮稳定同位素技术分析了大宁河静水水域和流水水域主要鱼类的氮稳定同位素比值和营养级。大宁河下游静水水域鱼类 $\delta^{15}N$ 值范围为 4.54‰～17.51‰，营养级处于 1.51～3.88，平均营养级为 2.49（表 2-2）；上游流水水域鱼类的 $\delta^{15}N$ 值范围为 2.25‰～10.81‰，营养级范围为 1.49～4.01，平均营养级为 2.87。大宁河上游鱼类的平均营养级大于下游静水水域，这可能是由于上游底栖生物丰富，鱼类倾向于摄食适口性更高的动物性食物而导致的。

表 2-2 大宁河下游静水水域主要鱼类的 $\delta^{15}N$ 值和营养级

（来自邓华堂等，2015）

种类	体长范围/mm	($\delta^{15}N\pm SD$)/‰	营养级		n
			均值	范围	
鳊 *Parabramis pekinensis*	149～280	8.64±1.10	2.13	1.39～2.75	8
贝氏𩾃 *Hemiculter bleekeri*	95～105	9.53±0.54	2.40	2.19～2.60	4
𩾃 *Hemiculter leucisculus*	100～182	8.18±1.20	2.19	1.57～2.84	9

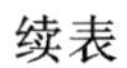

续表

种类	体长范围/mm	($\delta^{15}N \pm SD$)/‰	营养级		n
			均值	范围	
粗唇鮠 *Leiocassis crassilabris*	190	10.18	2.92	2.92	1
长吻鮠 *Leiocassis longirostris*	112～210	8.82±0.22	2.52	2.47～2.59	3
草鱼 *Ctenopharyngodon idella*	131～282	6.49±1.72	1.59	1.21～2.02	8
赤眼鳟 *Squaliobarbus curriculus*	220～260	8.50±1.55	2.20	1.35～2.91	3
达氏鲌 *Culter dabryi*	101～302	10.79±0.52	2.80	2.35～3.18	9
大眼鳜 *Siniperca kneri*	150～262	12.00±1.26	3.12	2.59～3.57	10
鳡 *Elopichthys bambusa*	106～350	11.10±1.02	2.91	2.28～3.55	7
光泽黄颡鱼 *Pelteobagrus nitidus*	96～250	14.01±0.41	3.88	3.51～4.09	4
鲫 *Carassius auratus*	152～225	8.11±0.86	2.02	1.81～2.29	9
鲢 *Hypophthalmichthys molitrix*	148～629	7.72±1.63	1.96	1.26～2.74	11

续表

种类	体长范围/mm	($\delta^{15}N \pm SD$)/‰	营养级		n
			均值	范围	
鲤 *Cyprinus carpio*	97～256	7.65±1.71	1.95	1.15～3.05	9
蒙古鲌 *Culter mongolicus*	190～347	11.68±1.39	2.96	2.35～3.72	5
马口鱼 *Opsariichthys bidens*	110～140	11.35±0.68	3.27	3.03～3.39	3
鲇 *Silurus asotus*	170～220	11.81±1.64	2.87	2.29～3.56	5
翘嘴鲌 *Culter alburnus*	223～490	11.50±1.05	2.94	2.36～3.39	9
似鳊 *Pseudobrama simoni*	95～150	8.29±0.61	2.03	1.50～2.66	6
蛇鮈 *Saurogobio dabryi*	99～135	11.11±2.73	2.94	1.79～4.67	8
团头鲂 *Megalobrama amblycephala*	181～220	5.38±0.12	1.51	1.48～1.53	2
铜鱼 *Coreius heterodon*	122～231	14.00±3.00	3.88	3.17～4.46	4
瓦氏黄颡鱼 *Pelteobagrus vachelli*	92～220	9.61±1.28	2.42	1.95～2.93	8

续表

种类	体长范围/mm	($\delta^{15}N \pm SD$)/‰	营养级		n
			均值	范围	
兴凯鱊 *Acanthorhodeus chankaensis*	82	9.21	2.63	2.63	1
鳙 *Aristichthys nobilis*	165～772	7.99±2.16	2.05	1.37～2.84	9
银鮈 *Squalidus argentatus*	84～133	10.05±1.46	2.62	1.85～3.36	10
太湖新银鱼 *Neosalanx taihuensis*	100～113	12.31±2.01	3.28	2.70～3.97	5
岩原鲤 *Procypris rabaudi*	130	8.33	1.71	1.71	1
胭脂鱼 *Myxocyprinus asiaticus*	105～205	8.75±0.98	2.23	1.33～2.69	5
间下鱵 *Hyporhamphus intermedius*	176～187	8.92±1.01	2.22	1.68～2.76	2
中华倒刺鲃 *Spinibarbus sinensis*	195～318	8.09±1.10	1.81	1.59～1.99	4
子陵吻虾虎鱼 *Rhinogobius giurinus*	55	9.89	2.17	2.17	1
合计			2.49		183

3. 碳氮稳定同位素分析案例

在很多水域生态系统中，螯虾是常见的大型底栖动物，被认为是能够影响底栖食物链相互作用的摄食者。螯虾是杂食性的，螯虾的食物包括大型水生植物、附生藻类、底栖无脊椎动物和有机碎屑（包括死鱼等水生动物尸骸），如图 2-3所示。

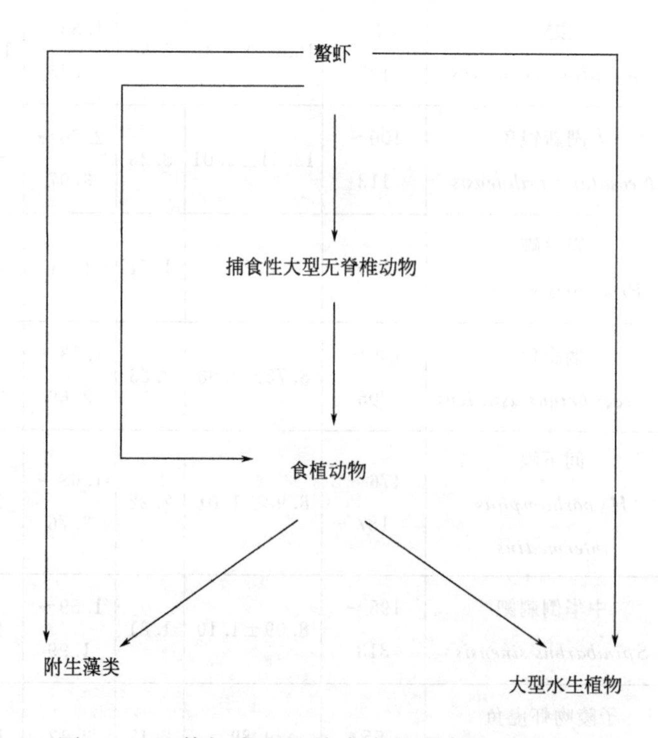

图 2-3 以螯虾为顶级捕食者的局部底栖食物网

（来自 Bronmark C et al，2013）

肠道内容物镜检分析难以分辨被螯虾充分咀嚼的食物，虽然一些观察性研究发现螯虾可以有机碎屑、附生藻类、大型水生植物和底栖无脊椎动物为食，但不了解这些食物所占的比重。因此单独使用胃肠内容物分析法不仅难以分析螯虾的食性，也无法准确计算其所处的营养级。利用碳氮稳定同位素分析法可以检测消费者的食性，而且可用于研究食物网中消费者所处的营养级以及分析消费者的食物来源与途径。

图 2-4 显示了陆生碎屑、初级生产者（沉水植物、

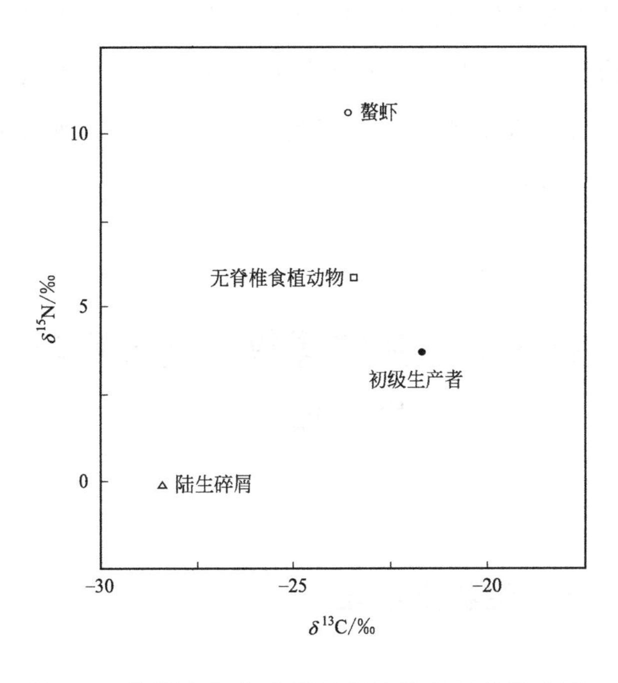

图 2-4 螯虾底栖食物网的碳氮稳定同位素水平

（来自 Bronmark C et al，2013）

附生藻类）、无脊椎食植动物（甲壳类、昆虫幼虫和螺）和螯虾的碳氮稳定同位素水平。一个实验环境中的食物网的稳定同位素分析表明，螯虾实际上是一种顶级捕食者，主要以底栖无脊椎动物为食进行生长，其 δ^{15}N 值比其他食植动物高 4.9‰（图 2-4）。可以看出，螯虾 δ^{13}C 值与食植动物很相近，与初级生产者 δ^{13}C 值相差 1.25‰左右，而与陆生碎屑 δ^{13}C 值相差比较大（≥4.5‰）。因此，碳稳定同位素分析表明，螯虾直接摄食的食物以甲壳类、昆虫幼虫和螺等食植动物为主，同时表明螯虾有机碳源主要来自水域初级生产者（水生植物和底栖藻类），而不是陆地面源带进的有机碎屑。

第三节　生物操纵法与非经典生物操纵法

一、生物操纵法

“生物操纵”一词产生于 20 世纪 70 年代中期，当时是指通过生物操纵方式获得一个适宜人类需求的理想水体。通常情况下，这都意味着需要减少富营养化湖泊中的藻类数量和生物量。可以通过生物调控方式增加凶猛鱼类，加大对食浮游动物的鱼类（主要是鲤科鱼类）的捕食，或者是通过人为方式（如拖网捕鱼）清除掉那些食浮游动物的鱼类。这样的话，食浮游动物的鱼类的数量减少了，就会大大降低那些大型浮游动物的捕食压力，从而提高浮游动物对藻类的牧食强度。因此可降低藻类大量繁殖的可能性，大幅度减少藻类生物量并使水体透明度得到提高。

生物操纵法已在欧美地区的多个国家进行过试验，但得到了不同的试验结果。不少试验难以取得预料的效果，较为理想的效果出现在那些食浮游动物的鱼类被清除掉80%以上的浅水湖泊中（Bronmark C et al，2013）。而这种生物操纵法似乎还会引发其他一系列的连锁反应，一些负面的生态效应是无法预料的。

二、非经典生物操纵法

与生物操纵法正好相反，非经典生物操纵法是通过控制清除凶猛鱼类及放养食浮游生物的滤食性鱼类（鲢、鳙）来直接牧食藻类、抑制藻类，防止藻类过度繁殖形成水华。鲢、鳙作为我国传统的水产养殖品种，其放养是水库渔业利用的主要方式。鲢、鳙属于典型的滤食性鱼类，能直接滤食水体中的浮游生物(包括各种藻类)，促使藻类数量减少，减轻了藻类水华灾害。

三、非经典生物操纵法能有效防控蓝藻水华暴发吗

非经典生物操纵法的核心目标就是控制蓝藻水华的暴发，然而能否有效防控蓝藻水华暴发呢？学术界众说纷纭。这里用千岛湖的典型实例来说明。

千岛湖 1998—1999 年连续两年发生了大面积的蓝藻水华，引起了社会的广泛关注。为了控制蓝藻水华的暴发和改善千岛湖水质，从 2000 年起在千岛湖采取了非经典生物操纵法，开展以人工放养鲢鳙和清除凶猛鱼类为主要措施的保水渔业试验（刘其根等，2010)。

放养鲢鳙的同时，为了提高放养鱼类的成活率，千岛湖发展有限公司于 1999 年和 2000 年连续两年对水库中的鳡鱼和翘嘴鲌进行了大力捕杀清除。据报道，不包括正常生产作业捕捞的鳡鱼，仅这 2 年除野捕捞的鳡

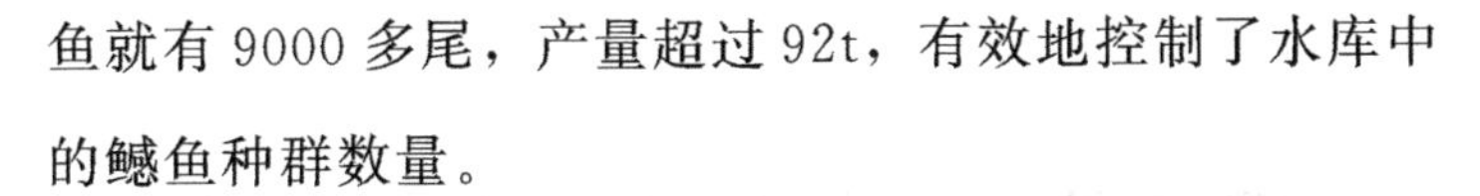

鱼就有9000多尾，产量超过92t，有效地控制了水库中的鳡鱼种群数量。

非经典生物操纵法的“保水渔业”模式已运行了20多年，不论是蓝藻水华的控制，还是富营养化水体的治理，效果甚微。从营养水平看，2006年以前，千岛湖水体的营养水平为贫营养，2006年以后一直处在中度富营养，且浮游植物密度、初级生产力水平和营养状态指数均呈现逐年上升的趋势，如1998年全湖平均浮游植物密度为108.51×10^4cells/L，2010年达到1152.50×10^4cells/L，上升了10倍之多（吴志旭，兰佳，2012）。2007年、2010年千岛湖多次暴发过较大面积的蓝藻水华。

生物群落各成员之间构成了相互依存、相互制约的食物网状关系，食物网中任何一个环节发生变化，或多或少都将影响到相关的一些食物链，甚至波及整个食物网。水域环境条件改变，或食物网中某一环节发生变化，都能导致水体生态系统发生一系列变化，这些变化的复杂性常常是不可能精准预测的。所以无论是人为大规模清除食浮游动物性鲤科鱼类的生物操纵法，还是大规模清除食鱼性凶猛鱼类的非经典生物操纵法，运用到湖泊水库大水面富营养化治理方面都是效果不佳的。

第四节 水域生态各营养级的物种组成、丰度和能量转化效率

食物链关系表明，一个营养级水平的物种组成和丰度的改变能够影响到另一个营养级水平物种的组成和丰度。因此，鱼类的生产量在很大程度上取决于前一营养级饵料生物的物种组成、丰度，以及对每一种饵料生物的能量转化效率。

一、传统认知的误区

传统观念认为，食物链越长，其最后环节的生产量越小，而食物链越短的鱼类，就越有获得高产的可能。我国淡水养殖的主要鱼类，如鲢鱼、鳙鱼、草鱼、鲤鱼、鲫鱼、团头鲂、罗非鱼等，大都属于1～2营养级的鱼类，而湖泊水库大水面的渔业经营品种更为狭窄，多数仅仅考虑鲢、鳙两种鱼类。

鱼类生产量在很大程度上取决于前一营养级饵料

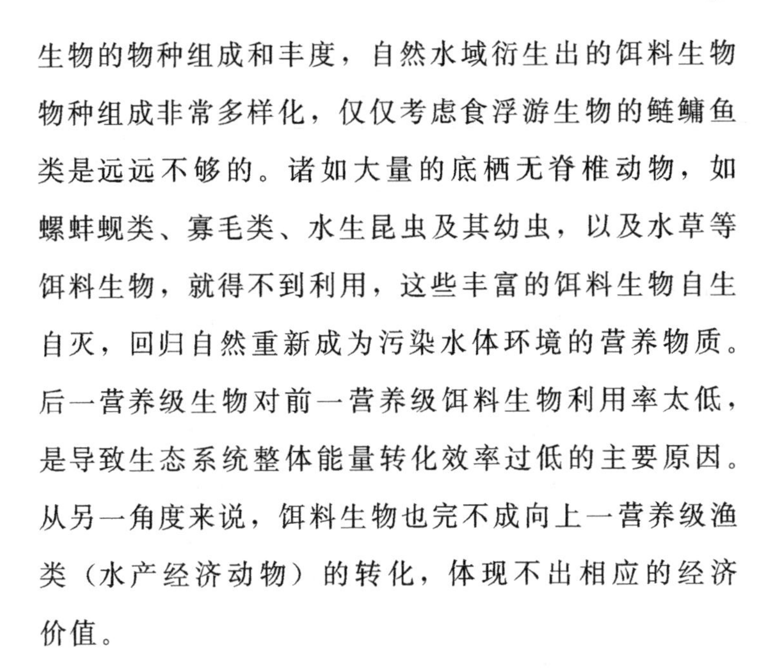

生物的物种组成和丰度，自然水域衍生出的饵料生物物种组成非常多样化，仅仅考虑食浮游生物的鲢鳙鱼类是远远不够的。诸如大量的底栖无脊椎动物，如螺蚌蚬类、寡毛类、水生昆虫及其幼虫，以及水草等饵料生物，就得不到利用，这些丰富的饵料生物自生自灭，回归自然重新成为污染水体环境的营养物质。后一营养级生物对前一营养级饵料生物利用率太低，是导致生态系统整体能量转化效率过低的主要原因。从另一角度来说，饵料生物也完不成向上一营养级渔类（水产经济动物）的转化，体现不出相应的经济价值。

二、白洋淀鱼类营养级及其能量流动途径

根据调查结果，分析得出白洋淀现存鱼类食物网结构较简单，小型鱼类较多，大型凶猛鱼类较少。食物网中各营养级之间彼此相联系，鱼类食物网能量流动比较简单。经过计算，白洋淀鱼类的营养级如表2-3所示，藻类、有机碎屑（细菌）、水草为0营养级。

表 2-3　白洋淀鱼类营养级

（来自马晓利等，2011）

食性	鱼类	营养级	食性	鱼类	营养级
草食性	中华鳑鲏	1.0	低级肉食性	刺鳅	2.0
	鲢	1.1		白鲦	2.0
	草鱼	1.1		圆尾斗鱼	2.0
	兴凯鱊	1.1		黄蚴	2.0
杂食性	麦穗鱼	1.4		鳙	2.0
	棒花鱼	1.4		黄颡鱼	2.3
	鲫	1.4		黄鳝	2.7
	团头鲂	1.4	中级肉食性	翘嘴鲌	3.0
	青鳉	1.4		马口鱼	3.1
	泥鳅	1.4	高级肉食性	鲇	3.6
	大鳞副泥鳅	1.4		乌鳢	3.8
	黑臀刺鳑鲏	1.5			
	鲤鱼	1.7			

白洋淀鱼类食物网能量流动途径可归纳为以下几类：

牧食食物链：浮游植物→植食性无脊椎动物→杂食性鱼类→高级肉食性鱼类；水生植物→草食性鱼类→高级肉食性鱼类；浮游植物→植食性无脊椎动物→低级肉食性鱼类→高级肉食性鱼类。

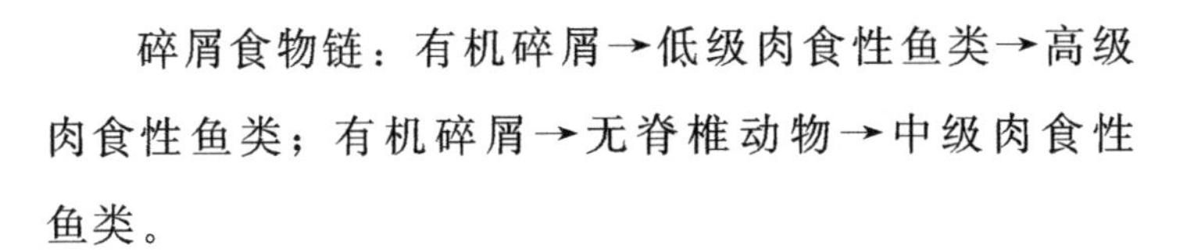

碎屑食物链：有机碎屑→低级肉食性鱼类→高级肉食性鱼类；有机碎屑→无脊椎动物→中级肉食性鱼类。

随着淀区环境的恶化，生态种群结构遭到严重破坏，致使白洋淀的水生生物种群结构发生了明显变化，鱼类种类及数量不断减少，鱼类由20世纪50年代的54种减少至2010年的30种，2018年3次调查最多仅为27种，洄游性鱼类基本消失或绝迹；浮游植物种类减少28.6%，浮游动物减少18%；浮游生物已由129个属减少到92个属，底栖无脊椎动物由35种减少到25种（李梦龙等，2020）。

白洋淀鱼类食物网趋于简单，中级肉食性鱼类匮乏，能量流动出现越级现象，食物网结构不完整，说明白洋淀渔业资源受到破坏。

三、千岛湖生态系统营养级能量转化效率

千岛湖生态系统食物网中牧食食物链的能量流占系统总能量流的56%，碎屑食物链的能量流占系统总能量流的44%。由初级生产者到第1、2和3营养级的能量转化效率分别为1.2%、4.1%和8.5%；由碎屑到第

1、2 和 3 营养级的能量转化效率分别为 1.2%、4.2% 和 8.4%。系统的总转化效率为 3.5%(见表 2-4)。

表 2-4 千岛湖生态系统营养级之间的能量转化效率

(改自于佳，2019) 单位：%

来源	营养级				
	1	2	3	4	5
初级生产者	1.2	4.1	8.5	8.2	
碎屑	1.2	4.2	8.4	8.2	
总能流	1.2	4.1	8.4	8.2	8.2
来自碎屑的能流比	44				
初级生产者转化效率	3.5				
碎屑转化效率	3.6				
总转化效率	3.5				

从营养级能量转化效率上来看，千岛湖生态系统营养级间的能量转化效率为 3.5%，远低于林德曼转化效率的 10%，尤其是在第 0 到第 1 营养级间的转化效率仅为 1.2%(于佳，2019)。国内外许多学者在对水库的研究中构建了 Ecopath 模型，其结果普遍表现出系统转化效率偏低的现象，例如 Ravishankar Sagar 水库生态系统中第 0 营养级到第 1 营养级的转化效率仅为 2.4%，系统的总转化效率为 6.4%(Panikkar et al,

2014)；三峡大宁河生态系统在第0到第1营养级间的转化效率也非常低，仅为1.7%，其系统总转化效率为5.7%（邓华堂等，2015）；Pasak Jolasid水库中两者的值分别为2%和5.3%（Thapanand et al，2009）。

第三章

如何恢复富营养化湖库水体底栖动物群落

底栖动物是指生活史的全部或大部分时间生活于水体底部的水生动物群。底栖动物多为无脊椎动物，是一个庞杂的生态类群，其种类繁多且生活方式也非常复杂。常见的底栖动物有软体动物门腹足纲的螺和瓣鳃纲的蚌、河蚬等；环节动物门寡毛纲的水丝蚓、尾鳃蚓等；节肢动物门昆虫纲的摇蚊幼虫、蜻蜓幼虫、蜉蝣目稚虫等；甲壳纲的虾、蟹等；扁虫动物门涡虫纲等。

多数底栖动物长期生活在底泥中，具有区域性强、迁移能力弱等特点，对于环境条件的变化回避能力弱，其群落破坏的重建需要相对较长的时间。

第一节　常见的底栖动物

底栖动物是水域生态系统中的一个重要组成部分，关于底栖动物的研究对了解生态系统的结构和功能具有重要的意义。一些底栖动物（如虾、蟹）本身具有很高的经济价值，还有一些底栖动物是鱼、虾、蟹等经济水生动物的天然饵料。

一、水生昆虫

据估计，全世界水生昆虫种类超过 45000 种，其中大部分属于双翅目（Diptera），超过 20000 种。与甲壳类动物一样，昆虫身体可分为头、胸、腹三部分。昆虫体外被覆几丁质硬壳，在生长过程中要脱换几次。水生昆虫整个生活史不完全生活在水中，其幼体生活在水里，成体多为陆生，且在形态上与幼体阶段完全不同，生长发育过程存在不完全变态和完全变态两种类型。

水生昆虫幼虫生活在水中的主要为蜉蝣目、蜻蜓目、襀翅目、半翅目、鞘翅目、广翅目、双翅目、毛翅目、脉翅目共 9 个目。发生不完全变态的有卵、稚虫（若虫）和成虫三个发展阶段，如蜉蝣目、蜻蜓目、半翅目等，稚虫生活在水中，相比于陆生生活的成虫，在体形以及呼吸、取食、运动等器官上均发生不同程度的特化，如稚虫呼吸器官具有气管鳃或直肠鳃，到成虫消失而形成气管。发生完全变态的具有卵、幼虫、蛹和成虫四个发展阶段，如双翅目、鞘翅目、毛翅目、广翅目等，幼虫在形态上与成虫完全不同，无足或足很短，脱皮数次后变成不食不动的蛹，而后羽化成为成虫。这些

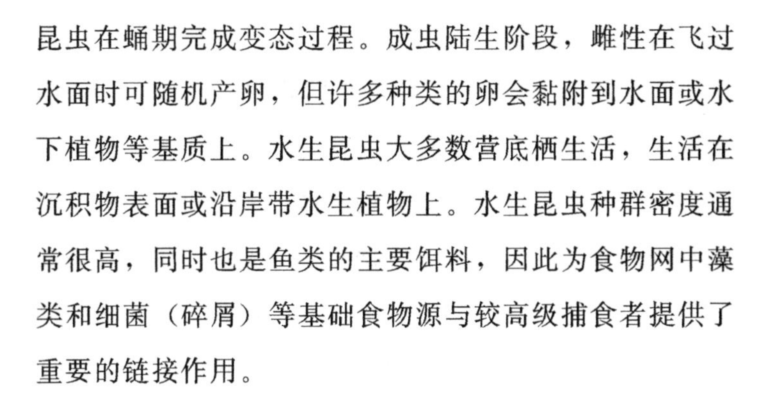
昆虫在蛹期完成变态过程。成虫陆生阶段，雌性在飞过水面时可随机产卵，但许多种类的卵会黏附到水面或水下植物等基质上。水生昆虫大多数营底栖生活，生活在沉积物表面或沿岸带水生植物上。水生昆虫种群密度通常很高，同时也是鱼类的主要饵料，因此为食物网中藻类和细菌（碎屑）等基础食物源与较高级捕食者提供了重要的链接作用。

1. 双翅目（Diptera）

双翅目摇蚊科幼虫是最常见的水生底栖动物，称摇蚊幼虫。摇蚊幼虫一般在水中自由生活或穴居水底淤泥中，以藻类、细菌、寡毛类、水生植物、小型甲壳类以及腐烂物质为食。

摇蚊幼虫的身体小型、柔弱，呈圆柱形，细长，长2～30mm；头部长，为前口式，具触角、眼点和上颚等；体12节，胸部第1节和腹末节各有一伪足突起；体色有黄色、绿色或棕色，有些种类幼虫有血红蛋白，体色呈红色，称血虫；腹部第9节或肛门周围具气管鳃2对。

摇蚊幼虫是多种经济水产动物的优良饵料，在浮游阶段是鱼苗优良的开口饲料，转入底栖后，是鲤、鲫、青鱼、虾、蟹等良好的饲料。摇蚊幼虫数量大、生长快，具有很大的生物量潜力。其营养丰富，适口性好，据研究，摇蚊幼虫干物质含量为1.4%，在这些干物质中，蛋白质占41%～62%，脂肪占2%～8%。另外，摇蚊对水质净化有重要作用。这是因为以细菌、藻类为食的摇蚊幼虫，能够充分利用水体中的有机物质，是水体食物网重要的组成部分。据日本泽湖调查情况，该湖摇蚊幼虫年摄食沉积物达3～3.5kg/m^2（干重），占该湖年沉积物总量的30%，可见，摇蚊幼虫个体虽小，但在加速水体内物质循环和水体的自净作用中能够起到一定的作用。

双翅目蚊科幼虫也是比较常见的水生昆虫，俗称“孑孓”。因幼虫在水中扭动，故又称跟头虫、拐线虫。

2. 蜻蜓目（Odonata）

蜻蜓目中束翅亚目（豆娘）和差翅亚目（蜻蜓），形态差别比较大。豆娘稚虫体形细长，圆柱状，腹末有三条尾片（尾鳃），尾片上有许多气管协助呼吸；蜻蜓稚虫体粗短，无尾鳃，具有直肠鳃或腹侧鳃。豆娘稚虫可以通过左右摆动腹部进行游泳；蜻蜓稚虫不会游泳，只是在水底基质上缓慢爬行。鱼类是蜻蜓目稚虫主要的捕食者，在缺乏鱼类等捕食者的生境中稚虫可达到很高的种群密度，成为调节（捕食）小型无脊椎动物种群大小和种类组成的重要因素。蜻蜓目稚

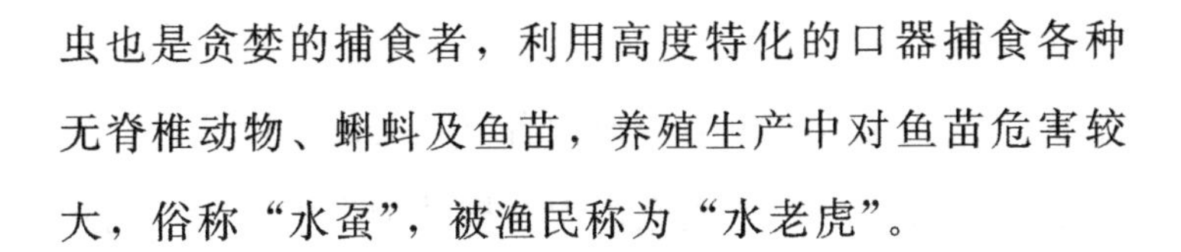
虫也是贪婪的捕食者，利用高度特化的口器捕食各种无脊椎动物、蝌蚪及鱼苗，养殖生产中对鱼苗危害较大，俗称“水蚤”，被渔民称为“水老虎”。

3. 蜉蝣目（Ephemeroptera）

蜉蝣目稚虫与其他水生昆虫最大的区别就是有三条细长的尾毛和腹部两侧的气管鳃。一些种类呈起伏游泳移动（如细裳蜉属、二翅蜉属），而其他种类在底部沉积物或水生植物表面缓慢爬行（如小蜉属、细蜉属）。这些稚虫多数为滤食性，以附着藻类、细菌或碎屑为食。

4. 鞘翅目（Coleoptera）

鞘翅目是昆虫中最大的一个目，统称“甲虫”。它是水生昆虫中成虫、幼虫和蛹的阶段均在水中度过的少数种类，幼虫性凶猛，比较贪食，俗称“水蜈蚣”，是渔业苗种培育中的敌害生物之一。

5. 广翅目（Megaloptera）

广翅目泥蛉身体细长，呈纺锤形，高度硬化的头部具有一个大的上颚。泥蛉在湖泊、池塘十分常见，潜在底部沉积物中生活。幼虫为肉食性，小型幼虫摄食底栖甲壳动物，而较大幼虫主要捕食寡毛类、摇蚊类和其他昆虫幼虫。在缺乏鱼类等捕食者时，泥蛉可以达到比较高的种群密度，对小型底栖无脊椎动物产生巨大的捕食压力。

二、寡毛类

寡毛类为环节动物门寡毛纲，俗称“水蚯蚓”，世界各地均有分布，是淡水底栖动物的主要组成部分，是鱼类、虾、蟹等经济水产动物的优良天然饵料。在富含有机物的淤泥里生物量很大，多时每平方米泥面上可达60000多条。水蚯蚓无专门的呼吸器官，通过体表下微血管进行气体交换，有些种类通过鳃（由皮肤形成的特殊鳃）或者用肠壁进行呼吸。

颤蚓和水丝蚓是通过身体表面积的增大和颤动频率的加快促使周围水流更新来调节呼吸。它们的尾部突出淤泥，体前端则埋入泥中。正常情况下，尾部有节奏地摆动，进行平静的呼吸。颤蚓大多生活在溶氧饱和度10%～60%的水底淤泥中，当水中溶氧不足时，则拉长身体并增加尾部的颤动速度。

水蚯蚓对改善水底环境、净化水质有着重要的作用。生活在淤泥中的水蚯蚓，主要吞食淤泥，同时从泥

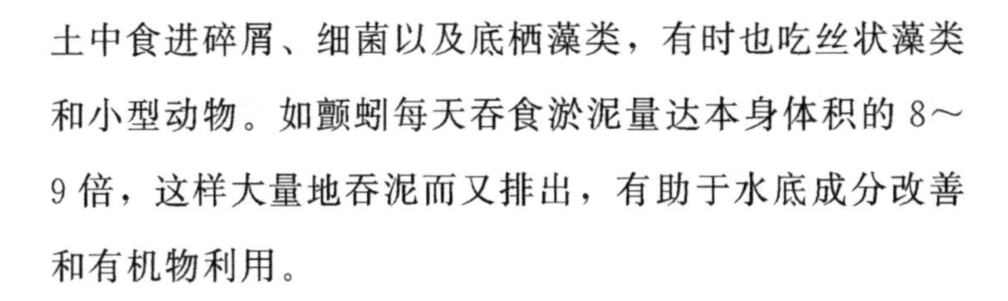

土中食进碎屑、细菌以及底栖藻类，有时也吃丝状藻类和小型动物。如颤蚓每天吞食淤泥量达本身体积的8～9倍，这样大量地吞泥而又排出，有助于水底成分改善和有机物利用。

三、螺类与贝类

1. 螺类（Gastropoda）

螺类为软体动物门的腹足纲，大多具有一个螺旋形的贝壳。贝壳外层为有机质组成的角质层，内层较厚，由棱柱状的钙质组成，不分节的柔软身体可以完全缩入壳内。螺类头部具触角，眼位于触角基部。依靠发达的足部在基质表面爬行，为了便于爬行，足部沾满黏液，并在爬行经过的地方留下黏液痕迹。

淡水螺类主要有前鳃亚纲和肺螺亚纲。前鳃类在水中用鳃进行呼吸；肺螺类则是露出水面，将空气吸入富含血管的肺囊进行呼吸。前鳃类的另一个特征就是足部后端有厣，当遇到敌害时，它们身体全部缩入壳内，厣可以把壳口盖住，起到一定的防御作用。淡水螺类通过带状几丁质齿舌从基质表面刮食附着藻类和碎屑。肺螺类是雌雄同体，大部分受精卵是异体受精，但也可以自体受精。大多数前鳃类为雌雄异体，受精卵被储存于透明的胶质卵袋内，卵袋常黏附在石头、池塘杂草或其他固体表面，有时甚至会黏附在其他腹足类的贝壳上。一些前鳃类（如田螺）为卵胎生，受精卵在体内发育成能自由生活的幼螺后，再产出体外。大多数肺螺类为一年生，越冬个体在春天繁殖后就死亡；前鳃类通常为多年生，可生存与繁殖数年。

2. 贝类（Bivalvia）

贝类属于软体动物门的瓣鳃纲，身体完全包裹在两个壳瓣内，贝壳左右对称，又称双壳类。贝壳是由包被身体两侧的外套膜边缘分泌形成。大多数种类栖息于水底，借助腹足缓慢行动，同时挖掘泥沙使身体部分或全部隐藏在泥沙中。腹足是由腹面伸出的一个肌肉突起，主要用于挖掘和行动。瓣状鳃既是呼吸器官，也是滤食器官。呼吸主要由瓣状鳃进行，水由入水孔（管）进入外套腔，依靠瓣状鳃上纤毛的颤动产生水流，而后由出水孔（管）排出。水流不仅带进氧气，也带进食物、淤泥等，排泄物则随水流从出水孔（管）排出。两个水孔（管）不断进出水，保证了动物体正常生活的进行。双壳类的食物为藻类、细菌、腐屑和小型浮游动物。双壳类虽是滤食性的，但对食物具有一定的选择能力。在入水孔（管）入口处的周围有许多小型的触手状突起，如果感觉流入的水含有不利的物质或生物，这些突起便把孔口关闭。当环境恶化或遇敌害时，整个身体便缩进壳内，紧闭双壳。

不同种群的贝类有着不同的生活史策略和生殖方式。大型（10～15cm）蚌类，如无齿蚌（*Anodonta*）、珠蚌（*Unio*），将精子排到体外水体中，含精子的水顺着水流由入水孔（管）进入雌性外套腔中，遇卵受精。受精卵保存于外套腔中，经过一段时间（最长为一年）发育成钩介幼虫。幼虫离开母体后必须在几天之内依附到鱼体上，否则就会死亡。一些蚌类幼虫可依附于多种鱼类，而有些则是专性依附于一种宿主鱼类。在依附到鱼体之后，幼虫便附着在鱼的鳃或鳍条上，开始半寄生生活，直到变态后才落到水底沉积物上自由生活。蚌类在一个生殖季节内可以排出数量巨大（2×10^5～170×10^5 个/雌蚌）、个体很小（0.05～0.4mm）的幼虫，但其中只有很小一部分能存活并长到成年期。球蚬（*Sphaerium*）、豌豆蚬（*Pisidium*）等则采用一种完全不同的生活史策略和生殖方式。这些小个体（2～20mm）双壳类的繁殖方式是卵胎生，胚胎在母体外套腔内直接发育。

第二节 湖库富营养化为何导致底栖动物种类丰度大幅度减少

富营养化严重的湖库水体透明度低，光照不能到达湖库底部，附生藻类（底栖藻类）、沉水植物难以进行光合作用，不能生存生长，导致底部丧失了氧气的来源；富营养化严重的湖库底部淤泥厚，沉积有机物耗氧量很大，处于水温分层期间上下水体难以交流，阻断了上层溶氧丰富的水体向下交流的途径。两方面因素的叠加，致使水体底部长时间处在严重缺氧的状态，这是富营养化湖库底栖动物种类及数量大幅减少的最主要因素。

一、富营养化的浅水湖泊——五里湖

五里湖，又称蠡湖，与太湖北部梅梁湾相连，面积约 8.6km^2，是我国浅水湖泊生态修复治理的典型代表，也是我国浅水湖泊富营养化表征呈现的代表。

20 世纪 50 年代时，五里湖湖水清澈见底，湖内水

草丰茂。五里湖内底栖动物物种十分丰富，仅水生昆虫就有数百种，底栖动物物种多样性很高，优势种密度以日本沼虾为最高，其次为大型软体动物。

随后，受围垦、养殖、建闸等人类活动影响，五里湖富营养化严重。20 世纪 90 年代初期，五里湖水体 COD_{Mn}浓度大幅上升，均值可达 24.83mg/L，峰值为 57mg/L，水质均处于Ⅴ类或劣Ⅴ类标准（薛庆举等，2020）。此时体现出对应的表征，湖内大型水生植物及大型底栖动物基本消失。五里湖 90 年代初期开始进入生态修复阶段，生态修复措施成为影响底栖动物群落演变的主要因素。五里湖生态修复措施主要包括污水截流、退渔还湖、生态清淤、动力换水、水生植被恢复等。

在 21 世纪初期开始向五里湖内投放螺、蚌等大型软体动物用于湖体的生态修复。在投放初期，湖内底栖动物生物量和密度显著升高，但在之后的调查中发现，前期投放的螺、蚌和蚬等软体动物几乎全部死亡（姜霞等，2014）。

2007—2013 年期间，五里湖中底栖动物物种数量大部分年份仅为个位数，且多样性处于较低水平。同时，底栖动物群落的优势种也发生了极大的变化，由日本沼虾和大型软体动物变为耐污性强的寡毛类和摇蚊幼虫等物种。

二、富营养化的深水水库——南湾水库

南湾水库位于河南省信阳市，属于富营养化水库。夏秋季存在很长的水温分层期，期间水库底部处于严重缺氧状态，导致底栖动物遭受周期性的缺氧扰动，严重影响底栖动物种类的多样性和现存数量，改变了浮游生物类群与底栖动物群落的相关性。

池仕运等（2020）对南湾水库底栖动物群落进行调查分析，自 2015 年 11 月至 2016 年 9 月按季节进行底栖动物采样，采样时间分别是 2015 年 11 月和 2016 年 3 月、7 月、9 月。南湾水库水温分层期间（2016 年 7 月和 9 月）检出的物种数分别为 8 种和 6 种，远少于春季的 16 种和冬季的 14 种。就具体采样时段来看，南湾水库水温分层期间（2016 年 7 月和 9 月）的底栖动物密度、单站物种数和 Shannon-Wiener 指数的均值明显低于水温较低的 2015 年 11 月和 2016 年 3 月。水温分层期间采样调查发现，南湾水库多个采样站位连续多次未采集到任何底栖动物的样品，且这些站位底泥多呈现炭黑色。

营养化程度的加重会导致存在水温分层现象的水库底部出现严重的缺氧现象，同时浮游生物（特别是浮游

动物）存在垂向迁移的现象，以规避不利生境，向溶解氧和光照丰富的上层水体迁移，导致水体底部浮游生物种群匮乏。

饵料来源的缺乏以及缺氧环境的形成导致底栖动物种群衰退，总之，水库水温分层现象的存在对底栖动物群落的发展是一大制约因素，富营养化程度的加重可导致底栖动物种群的持续衰退，底栖动物和浮游生物的关系也会由相互促进的正相关关系转变为彼此制约的负相关关系。而这种转变又与富营养化程度的加剧导致的水底栖息环境的恶化和浮游生物对不利环境的趋避行为导致的食物匮乏有关。

三、水温分层的季节变化

太阳辐射是湖泊和水库的主要热能来源，因此水温存在季节性和昼夜变化。大多数入射光的能量直接转化成热能。水、溶解物质和悬浮颗粒对光的吸收随着深度的增加呈指数递减，因此大多数的光在水体表层就被吸收了。虽然风生流能使湖泊内的热量重新分布，但是其向下影响到的水深有限。因此水体通常分为两层，即位于水体表层的低密度的较高水温层和下层高密度的较低水温层。这就是水温分层。它对于湖库水体的物理、化学、生物过程非常重要。由于太阳辐射和风导致的扰动有季节变化，因此分层不是永久性的，而是随季节而变化。

我国温带和部分亚热带地区湖库水体一般存在夏秋季水温“正分层”和寒冬水温“逆分层”两个水温分层期，春季与深秋初冬两个易翻转交流期（图 3-1）。

因为光所携带的能量大部分被表层所吸收，水体表面温度上升比较快。天气转热的晴天，水体表层会形成一层暖水层。由于水的密度随着温度的上升呈下降趋势，即使表层暖水层和底层冷水层之间的温度只有几摄氏度的差异，两个水层之间的密度差异仍然非常显著。天气转为多风时，两个水层之间的这种密度差异足以阻止上下水体的混合。这种上热下冷的水温分层称作“正分层”，“正分层”状态从春季末期开始，经历完整的夏季与秋季。越是天气炎热的夏秋季，水温分层越牢固，一般自然条件下很难打破。

深秋季节，随着天气逐渐变冷、气温下降，太阳辐射能的输入减少，水体表层热量损失越来越大，上热下冷温度差变小，上下水层密度差随之降低。此时秋冬交替一般风力呈增强趋势，稍大风便能使整个水体再次处于循环混合状态。随着天气继续变冷，进入冬季，上层水温低于下层水温，即使无风无雨，也会出现上下水层翻转交流（图 3-1），甚至底泥产生悬浮的现象。深秋

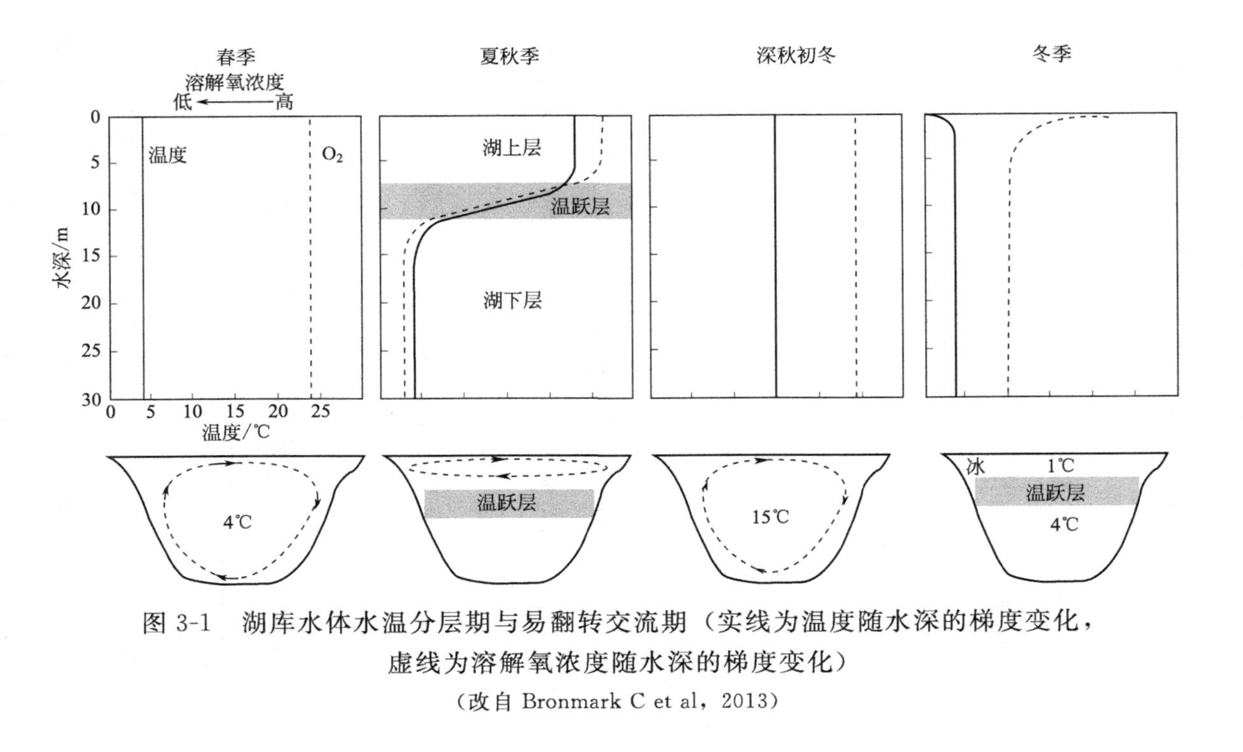

图 3-1　湖库水体水温分层期与易翻转交流期（实线为温度随水深的梯度变化，虚线为溶解氧浓度随水深的梯度变化）

（改自 Bronmark C et al，2013）

初冬时节，河南地区水库上下水层翻转、底泥悬浮现象非常明显，整个水库水体呈现浑浊状态，一般会持续一个月左右。

经历深秋初冬2个月左右的水体易翻转期，进入气温0℃以下的寒冬时节。由于水的密度特性，4℃水处于最大密度1g/cm^3，而冰的密度（0.917g/cm^3）小于液态水，结果表层结冰，冰都浮于水面上，而下层水温4℃，此时的水温分层称作“逆分层”。

在春季，随着气温的上升，水面冰层逐渐变薄，并最终完全融化，这时水温4℃左右。水温4℃左右时水的密度变化有限，上下水体混合时所遇到的阻力比较小，很小的风就能够使整个水体混合均匀。因此春季冰层融化后，风和对流很容易促进整个水体的循环翻转过程。这一容易翻转循环过程会持续一段时间（图3-1），一直到随着太阳辐射强度的增加，上层水温明显高于中下层为止。

四、湖库富营养化导致底栖动物种类丰度大幅度减少原因分析

湖库富营养化为何导致底栖动物种类丰度大幅度减少？这个问题答案的根本在于溶解氧的时空分布格局。原因一，水温分层上下水体难以交流，阻断了上

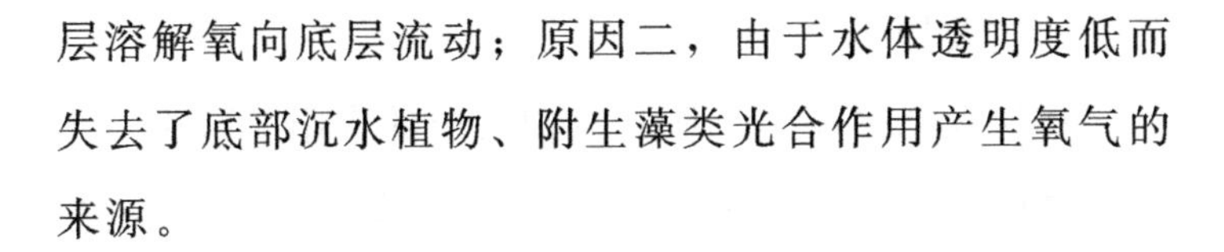

层溶解氧向底层流动；原因二，由于水体透明度低而失去了底部沉水植物、附生藻类光合作用产生氧气的来源。

1. 溶解氧的时空分布格局

分析温度的季节性变化和由此而产生的水温分层格局（图 3-1）是理解湖泊和水库中溶解氧动态变化的关键过程。在春季，随着水温升高，不同水深间水的密度差变小，阻碍水体混合的阻力消失，水体将在风的驱动下混合。溶解氧浓度高的表层水便分布到整个水体中，使整个水体的溶解氧接近饱和状态（100%）（图 3-1）。夏秋季，随着温度的进一步升高，整个湖库水体再次分成彼此不混合的上下层。

富营养化湖库底部沉积着大量有机物，这些有机物分解需要消耗大量氧气，水温分层期间，上下水体很难交流，上层丰富的溶解氧不能及时交流到下底层，这些湖库底部常常处于缺氧状态。随着富营养化湖库底泥沉积有机物的增多，溶解氧消耗越来越大，最终导致了湖库底部溶解氧消耗殆尽。溶解氧是底栖动物生存的必备条件，加上底栖动物迁移能力弱，若缺氧时间长，许多底栖动物很难生存，只能消亡，即使较为耐受低氧的种类也不能长期生存。这就是 2006 年五里湖用于生态修复投放的 600 多吨螺、蚌、蚬等软体动物随后几乎全部死亡的主要原因。

在深秋初冬季节，到达湖泊表层的太阳能减少，水温逐渐降低。上下水温差逐渐缩小，分层松动易翻转。最终，分层消失，当上层水温低于下层时，水体将发生翻转，表层的溶解氧被输送到湖泊下层（图 3-1）。

2. 湖库底部氧气的来源

湖泊、水库底部的氧气主要来自沉水植物、附生藻类的光合作用。这些氧气的产生完全取决于光照，而光照随着深度的增加而减少。在透光带下，光的强度不足以产生净的光合作用并释放出氧气。富营养化湖库水体透明度低，即使浅水湖泊光照也难以到达底层，不仅大型沉水植物消失，就连在极弱光照环境下能进行光合作用的附生藻类也很难存活，这就更加剧了湖库底部缺氧的严重程度。

3. 附生藻类（多指底栖藻类）

由于样本采集和调查方便，藻类方面，浮游藻类一直是人们关注与研究的重点，而附着在底泥或基质上的附生藻类往往被忽略。其实大多数藻类密度比水大，藻类保持悬浮需要具备一定的条件：需要具有液泡、伪空泡、气囊等浮力调节机制；具有鞭毛等运动胞器，有弱运动能力；温带春季、深秋季节上下水层易翻转；有生

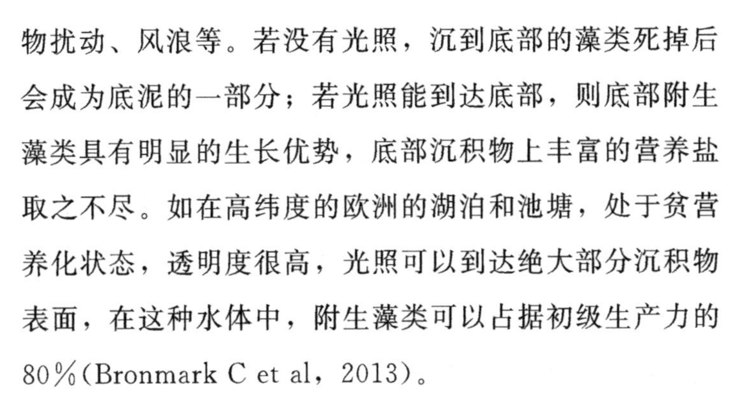

物扰动、风浪等。若没有光照，沉到底部的藻类死掉后会成为底泥的一部分；若光照能到达底部，则底部附生藻类具有明显的生长优势，底部沉积物上丰富的营养盐取之不尽。如在高纬度的欧洲的湖泊和池塘，处于贫营养化状态，透明度很高，光照可以到达绝大部分沉积物表面，在这种水体中，附生藻类可以占据初级生产力的80%(Bronmark C et al，2013)。

在透明度高的湖泊和池塘中，附生藻类群落通常可形成肉眼可见的绿色或褐色的堆积层。许多常见于浮游藻类群落中的种类，尤其是硅藻和一些蓝细菌（例如微囊藻），也在底部附生藻类中存在。附生藻类的重要性在于，在转化沉积有机物的同时产生氧气，能够使种群丰富的大量的底栖动物得以存活。

第三节　在富营养化湖库水体恢复底栖动物群落的途径

富营养化湖库底栖动物群落稀少最主要的原因，是其底部长时间处在严重缺氧的状态，绝大多数底栖动物无法生存。要恢复底栖动物群落，必须改善富营养化湖库底部缺氧的环境。结合前面分析，改善湖库水体底部缺氧的状况有两条途径：一是大幅提高水体透明度，使光照能够到达底层，满足沉水植物、附生藻类光合作用的需要，从而使沉水植物与附生藻类能够进行光合作用产生氧气；二是打破水温分层，促进上下水体交流，使上层溶解氧丰富的水体及时交流到底层。

第一条途径就是目前富营养化湖库生态修复普遍走的路径，就是想方设法大面积恢复沉水植物。耗费大量人力物力收效甚微。

一、富营养化湖库水体中底栖动物非常稀少，有特例吗

众所周知，富营养化湖库水体中底栖动物极其稀少，而宿鸭湖水库出现了特例。宿鸭湖水库水质富营养化严重，总磷（TP）、总氮（TN）严重超标，水质总体为Ⅴ类或劣Ⅴ类。从一个表观化综合指标可以说明宿鸭湖水库富营养化严重的程度，即宿鸭湖水库常年透明度平均值仅有11cm。

然而富营养化如此严重的宿鸭湖水库却底栖动物非常丰富，水生昆虫和寡毛类的种类丰富，有28个属，平均密度为每平方米215个，生物量2.19g/m^2。就库内贝类区系分析，在30余种贝类中，瓣鳃类有26种，

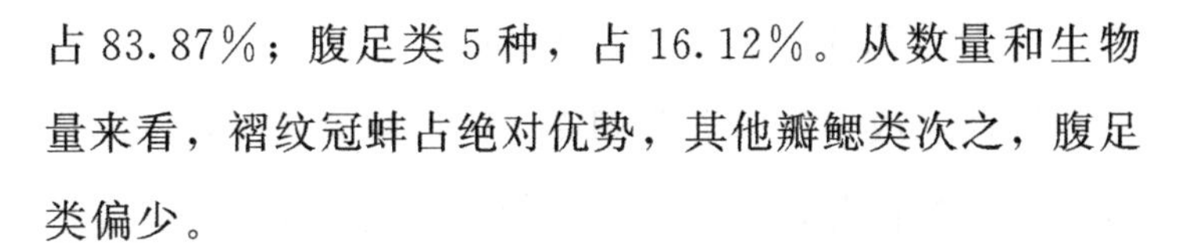

占 83.87%；腹足类 5 种，占 16.12%。从数量和生物量来看，褶纹冠蚌占绝对优势，其他瓣鳃类次之，腹足类偏少。

宿鸭湖水库中，不仅摇蚊幼虫、水蚯蚓多，对溶解氧需求比较高的日本沼虾（青虾）以及大型软体动物河蚌也非常多。

二、富营养化湖库水体如何恢复底栖动物群落

为什么富营养化非常严重的宿鸭湖水库底栖动物群落如此丰富呢？那是因为宿鸭湖水库底部溶解氧比较丰富，没有出现严重缺氧的状况。为什么宿鸭湖水库能够长期维持溶解氧丰富的环境？弄清楚这个问题，就找到了在富营养化湖库水体如何恢复底栖动物群落的答案。

通过笔者的调研分析，宿鸭湖水库属大型平原湖泊型水库，水浅，平均水深仅 1.5m 左右，库底淤积严重，淤泥厚度 0.5～1.5m，平均厚度 1m 左右。水库周边地势平坦，湖面开阔，没有遮挡，平时风浪就能扰动上下水层，不易形成水温分层，上层溶解氧丰富的水体能够及时交流到底层，底层溶解氧充足，上层、底层溶

氧量分别为 7.69mg/L 和 6.99mg/L。

因此，改善富营养化湖库底部溶解氧状况，从而恢复底栖动物群落，唯一科学可行的解决途径就是打破水温分层，促进上下水体交流，使上层溶解氧丰富的水体及时交流到底层。

具体做法：晴朗天气的午后时分，通过机械促进上下水层交流，让上层溶解氧丰富或溶解氧过饱和的水体及时交流到底层，使水体底部溶解氧充足。一旦打破底部缺氧状态，富营养化湖库底部沉积有机物就成为底栖动物源源不断的营养物质，沉积有机物越多，底栖动物群落种类就越丰富，从而变富营养化为促进底栖动物群落丰富的推动力。

第四章

湖库大水面生态渔业不能缺少的渔类

这里的“渔类”泛指水产经济动物，不仅有生物学分类上的鱼类，还包括水生甲壳类的虾、蟹，以及水生爬行类的鳖等有经济价值的水生动物。

我国湖库大水面传统渔业常常冠以“生态渔业”名义，其实其与生态系统水生生物结构完整性和物质能量的转化效率是有差距的。传统观念认为，食物链越长，其最后环节的生产量越小，而食物链越短的鱼类，就越有获得高产的可能。饵料生物利用方面，仅着眼于浮游生物、水草，而忽视了种类非常丰富、数量非常巨大的底栖生物，以及数量众多的小型野杂鱼类。

传统渔业仅考虑属于1～2营养级的鱼类，大多是以鲢、鳙为主的滤食浮游生物的鱼类，以及草鱼等草食性的鱼类，这样势必造成湖库生态系统食物网结构残缺，向上传递的能量流动出现断档、难以衔接的现象比比皆是，物质能量转化效率极低，不仅基础食物源，如细菌（有机碎屑）、藻类远远得不到利用，而且由于食底栖动物的渔类资源严重匮乏，由基础食物源衍生的大量底栖无脊椎动物也难以得到利用，任由这些基础食物源、底栖无脊椎动物自生自灭，重新回归自然（水体环境），因此营养级转化效率大大低于林德曼的10%转化效率。

站在生态渔业角度，需要考虑湖库水域生态系统食物网结构的完整性，维持基础食物源向上传递的运转，

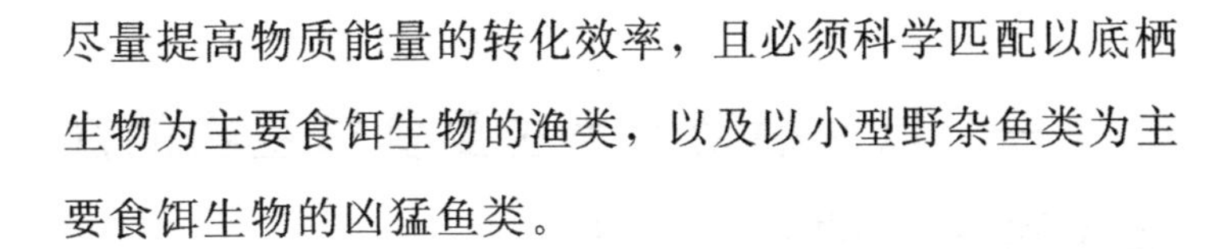

尽量提高物质能量的转化效率，且必须科学匹配以底栖生物为主要食饵生物的渔类，以及以小型野杂鱼类为主要食饵生物的凶猛鱼类。

第一节　为什么必须匹配以底栖动物为主要食饵生物的渔类

以底栖动物为主要食饵生物的渔类，包括底层鱼类以及虾、蟹、鳖等底栖水产经济动物，它们是水体生态系统食物链（网）重要的组成部分，同时也是湖泊、水库等大水面传统渔业缺失、忽略的一环。之所以成为缺失、忽略环节，表面上的原因，一是许多大水面湖库底栖生物资源量越来越少；二是大部分底层鱼类起捕率低。

深层原因是对生态渔业缺乏实质、科学的认识。渔类作为生态系统重要的组成部分，生态渔业首先需要考虑的是，能否维持生态系统食物网的完整性，能否尽量提高基础食物源的利用率，能否尽量提高物质能量的转化效率。

一、以底栖动物为主要食饵生物的渔类不可缺少的深层原因

湖库底部沉积有机物是衍生基础食物源的物质基础，具有丰富基础食物源的底部，底栖无脊椎动物种类非常多，其中蕴藏的底栖动物生物量的生产潜力巨大。

细菌、藻类作为水域生态系统的基础食物源，是与水体有机物相伴相生的，有机物越多，衍生的细菌、藻类越丰富。湖库底部沉积有机物最为充足，其底部衍生的基础食物源最为丰富。食物是维持所有动物生命的物质基础，也是所有动物物种繁衍延续的物质保障，因此，动物都是围绕食物而分布的。

底栖动物是一个庞大的生态类群。常见的底栖动物有节肢动物门昆虫纲的摇蚊幼虫、蜻蜓幼虫、蜉蝣目稚虫等；环节动物门寡毛纲的水丝蚓、尾鳃蚓等；软体动物门腹足纲的螺和瓣鳃纲的蚌、河蚬等；甲壳纲的虾、蟹等；扁虫动物门涡虫纲等。

正是由于水域底部具备种类繁多、生物量巨大的底栖无脊椎动物，围绕如此丰富的食物，自然进化的以底栖动物为食的底栖渔类种类丰富，潜在生产力非

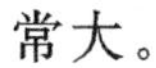
常大。

二、底栖渔类是湖库富营养化治理不可或缺、理想的转化载体

作为具有经济价值的渔类，是水域生态系统的次级或终极消费者，它们就是水体废弃有机物通过生态系统衍生的饵料生物转化而来的。有机物越多，衍生出的饵料生物越多，转化为渔类的潜力就越大，渔产量才有可能越高。

围绕水域生态系统的基础食物源，自然进化出了种类繁多的初级消费者物种。这些初级消费者各自适应不同的复杂生境，有着各自的生态位，以便充分利用基础食物源，这是大自然精妙的演化规则。浮游生物仅是这些基础食物源众多利用者（初级消费者）的一个细小分支，假如湖库渔业仅仅关注滤食浮游生物的鲢鳙鱼类，而忽略生物量巨大的底栖动物的利用价值，其水域的基础食物源利用率会很低，而且水域生态系统物质能量的转化效率极低，这是对湖库丰富资源的巨大浪费。

在以渔净水、富营养化水体治理方面，应匹配对应的底栖渔类，食用生物量巨大的底栖动物，从而通过其上一营养级基础食物源的摄食利用，带动沉积有机物的消耗利用。湖库水体最丰富的有机物就是底部的淤泥，底部沉积有机物越多，由此衍生的底栖动物生物量的潜在基础就越丰厚，所产生的以底栖动物为食的底栖渔类越多。因此，从湖库水体捕获底栖渔类，就等于带走底部沉积有机物。每年捕捞的底栖渔类越多，带走的沉积有机物量就越大，富营养化水体治理效果越好。

从经济效益角度来说，以底栖动物为食的底栖渔类，其经济价值远比滤食浮游生物的鲢鳙、食用水草的草鱼等要高得多。

以底栖动物为食的底栖渔类种类非常多，其潜在产量也是巨大的，关键是怎样把这种潜力科学、充分地挖掘、发挥出来。

三、以底栖动物为主要食饵生物的渔类

以底栖动物为食的底层渔类，种类繁多，从大的生物类别来说，不仅有底栖鱼类，还有爬行类的鳖，甲壳类的蟹、虾等。单说底栖鱼类，由于底层饵料生物丰富，自然水域分布生长的鲤形目、鲇形目、鲈形目、合鳃目等鱼类，大多栖息生活在水域底层。下面从栖息环

境、生活习性、摄食食性以及繁殖习性等生物学特性方面，对常见的底栖渔类做简单介绍。

1. 鲤鱼（*Cyprinus carpio*）、鲫鱼（*Carassius auratus*）

鲤鱼、鲫鱼是最常见的底栖性鱼类，属鲤形目、鲤科、鲤亚科。一般喜欢在水体下层活动，很少到水面上，它们对外界环境适应性较强。以底栖生物和碎屑为食，如小虾、蚯蚓、幼螺、水生昆虫等，附生藻类和一些硅藻也是鲤鱼、鲫鱼的食物。水体自然繁殖，在流水或静水中均能产卵，产卵场所多在水草丛中，卵黏附于水草上发育孵化。

2. 青鱼（*Mylopharyngodon piceus*）

青鱼属鲤形目、鲤科、雅罗鱼亚科。

青鱼常栖息在水体中下层，生性不活泼，是常见的大型鲤科底层鱼类，最大个体可以达到70余千克，也是我国特有的重要经济鱼类，分布广泛，传统“四大家鱼”之一。身体粗壮，近圆筒形，呈青灰色，背部较深，腹部灰白色，腹鳍、背鳍呈黑色。青鱼属洄游性鱼类，在湖泊、水库静水水体中不能自然繁殖孵化。

青鱼以底层的软体动物为主要的食物来源，尤其喜食螺蛳，所以青鱼又被人们称作螺蛳青。青鱼喜食蚌、蚬、虾，以及底栖无脊椎动物（如昆虫幼虫、水蚯蚓等）。青鱼具有咽齿，遇到螺蛳、蚌、蚬之类的有壳动物，它可以用咽齿咬碎硬壳，并将硬壳吐出，吃掉壳内的肉。

3. 丁鲹（*Tinca tinca*）

丁鲹属鲤形目、鲤科、雅罗鱼亚科。

丁鲹为底栖鱼类，多栖息在静水泥底区，对水质要求一般，杂食性，主要摄食底栖无脊椎动物，如水生昆虫幼虫、软体动物、浮游动物等，以及藻类、腐殖质。适应性强，分布广泛，是重要的经济鱼类。

丁鲹体略高，腹部圆，侧扁，大体呈橄榄绿色，体背侧青黑色，背部颜色较深，腹部接近金黄色，各鳍灰黑色，尾鳍后缘平截或微凹。

丁鲹为每年多次产卵鱼类，黏性卵。

4. 银鲴（*Xenocypris argentea*）

银鲴是鲤形目、鲤科、鲴亚科鱼类。

银鲴通常栖息于水体的中下层，为中小型食用鱼类。具有发达的下颌，角质化边缘用于刮取食物。自然条件下银鲴以腐屑底泥为主食，同时也摄食硅藻和附生藻类。

银鲴适应性强，属广温性淡水鱼类，分布广泛。2

龄可达性成熟，产卵期 4～6 月份。

5. 铜鱼（*Coreius heterodon*）

铜鱼是鲤形目、鲤科、鮈亚科鱼类，为江河湖中的底层鱼类。口角须 1 对，末端可达前鳃盖骨的后缘。体背部古铜色，腹部淡黄色，体上侧有多数浅灰色的小斑点。铜鱼杂食性，主要摄食底栖生物，如螺蛳、蚬、淡水壳菜等，也食用高等植物碎片、硅藻、水生昆虫、虾类和幼鱼。

铜鱼为半洄游性鱼类，喜流水性生活，产卵期为 4 月底至 5 月中旬，为一次性产卵类型，在流水中产漂浮性卵。一般 3 龄性成熟，常见个体 0.5kg 左右，大者 4kg，为长江上游重要经济鱼类。

6. 花䱻（*Hemibarbus maculatus*）

花䱻是鲤形目、鲤科、鮈亚科鱼类。

花䱻为底层鱼类，性情温顺，对水流较敏感。偏肉食性，主要摄食底栖无脊椎动物，如水蚯蚓、软体动物、水生昆虫幼虫等，兼食一些藻类和水生植物。花䱻是江湖中常见的中小型经济鱼类。

花䱻 1 冬龄即达性成熟，繁殖期雄鱼色泽比较鲜艳，吻部周围和胸鳍上有明显的珠星出现，很容易识别雌雄，产卵期通常在 4～6 月份，黏性卵。

7. 中华倒刺鲃（*Spinibarbus sinensis*）

中华倒刺鲃属鲤形目、鲤科、鲃亚科。

中华倒刺鲃为一种底栖性鱼类，性活泼，喜欢成群栖息于底层多为乱石的江河中。杂食性，以水生植物、附生藻类为主要食物，其次为底栖软体动物和昆虫幼虫。其食性一般随环境的改变和食物的多寡而发生变化。

一般3～4龄达到性成熟，成熟鱼体重一般在1kg（雄鱼）至1.8kg（雌鱼）以上，成熟亲鱼体形差异不明显，但会存在明显的副性征，尤其是雄性在繁殖季节吻部有大量的珠星出现。产微黏性卵，鱼卵常常随着水体环境的不同而呈现不同的黏性或漂浮性。

中华倒刺鲃肉质细嫩，味道鲜美，是名贵淡水鱼类之一。

8. 泥鳅（*Misgurnus anguillicaudatus*）

泥鳅属鲤形目、鳅科、花鳅亚科。

泥鳅为底栖鱼类，栖息于河流、湖泊、稻田、沟渠、坑塘等多种水体多淤泥环境的底层，昼伏夜出，适应性强，可生活在腐殖质丰富的环境里。水中缺氧时能跳跃到水面吞入空气进行肠呼吸。在水池干涸时潜入淤泥中，只要泥土中有少量水分能保持湿润便不致死亡。

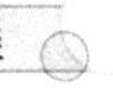

泥鳅分布非常广泛。

泥鳅是杂食性鱼类，体长5cm以下的鳅苗主要摄食动物性饵料，如轮虫、枝角类、桡足类等浮游动物；体长在5～8cm时，除了摄食浮游动物、昆虫幼虫、水蚯蚓外，还摄食高等水生植物、藻类和有机碎屑等；成体泥鳅几乎无所不食，凡水中和淤泥中的动植物及有机碎屑都是泥鳅的天然饵料。

泥鳅一般2龄开始性成熟，其繁殖季节是4～9月份，是一年多次产卵的鱼类，产卵常在雨后夜间进行。泥鳅卵有黏性，卵在水中受精后粘在水草或水中杂物上孵化，落入水底的受精卵，只要不缺氧也能孵出仔鳅。

9. 胭脂鱼（*Myxocyprinus asiaticus*）

胭脂鱼是鲤形目、鲤亚目、胭脂鱼科、胭脂鱼属鱼类。

胭脂鱼体高而侧扁，侧面观长椭圆形，背鳍起点处体最高，头尖而短小，口小，下位，背鳍高大，成鱼体侧中轴有一条胭脂红色的宽纵纹。

胭脂鱼分布于长江、闽江等江河中，是栖息于水体中下层的大型鱼类。胭脂鱼生长较快，最大个体达30kg，一般雄鱼5龄以上、雌鱼7龄以上为性成熟。从胭脂鱼口下位可以看出，该鱼为底食性鱼类，主要以底栖无脊椎动物和泥沙中的有机碎屑为食，也吃一些高等植物碎片和藻类。

胭脂鱼的人工繁殖及养殖比较成功。该鱼是我国珍贵鱼类之一，被列为国家二类重点保护动物。

10. 鲇（*Silurus asotus*）

鲇属鲇形目、鲇科。

鲇属于底栖肉食性鱼类，白天多隐蔽于杂草丛中、石块下，或深水的底层，晚间则非常活跃。捕食对象以小型野杂鱼类为主，兼食虾类和底栖无脊椎动物。

鲇常见有两种，即大口鲇（*Silurus meridionalis*，俗称河鲇）和鲇（又称土鲇、黄河鲇）。河鲇为一种大型鱼类，4 龄达初次性成熟，生长快，最大个体可达 40kg；土鲇个体较小，1 龄即性成熟，生长也较慢，最大个体长仅达 80cm 左右，重 4kg，5～7 月份产黏性卵。鲇的天然产量很高，肉质细嫩，少刺，肉味尤为鲜美，是湖泊、水库渔业的主要捕捞对象，也是我国重要的经济鱼类。

11. 斑点叉尾鮰（*Ictalurus punctatus*）

斑点叉尾鮰是鲇形目、鮰科鱼类。

斑点叉尾鮰头小，体形较长，口亚下位，头部上下颌具深灰色触须 4 对。体侧和背部呈蓝灰色，腹部乳白色。体侧有不规则斑点，胸鳍有 1 根锯齿状硬棘，尾鳍

深分叉。

斑点叉尾鮰属大型鱼类，最大个体可达20kg以上，栖息于河流、湖泊、水库、溪流、池塘、沼泽中，是底层偏肉食性鱼类，通常在底部觅食。在天然水域中，斑点叉尾鮰主要摄食底栖无脊椎动物、水生昆虫及其幼虫、浮游动物，以及附生藻类、有机碎屑、植物碎片和小型鱼类等。

斑点叉尾鮰3～4龄性成熟，产卵季节在5～7月份，卵黏成块，筑巢地点包括：湖岸附近杂草丛生的地方，岩石岩壁、瓦砾下，或罐、坛内。

斑点叉尾鮰性温顺，群集性，易捕捞，适应性强，耐高盐，生长快，含肉率高，且肉质细嫩，无肌间刺，味道鲜美，深受养殖者和广大消费者的喜爱，是我国产量高、经济价值大、养殖普遍的淡水鱼类品种。

相近分类地位的云斑鮰（*Ictalurus nebulosus*），为底层杂食性鱼类，性温顺，群集性，生长快，个体较斑点叉尾鮰小，2～3龄性成熟，6～7月份产卵。

12. 黄颡鱼（*Pelteobagrus fulvidraco*）

黄颡鱼属鲇形目、鲿科。

黄颡鱼为底栖杂食性鱼类，多栖息于湖泊静水或江河缓流的水体底部，喜欢在腐殖质或淤泥多的地方生活。白天潜伏在水底或草丛、石缝中，夜间活动觅食。

鱼苗阶段以浮游动物为食，成鱼则以水生昆虫及其幼虫、小鱼虾、螺蚌、水蚯蚓等为食，也吞食有机碎屑。黄颡鱼的食谱较广，在不同的环境条件下，其食物的组成有所变化。根据对100尾黄颡鱼胃肠内食物的分析，黄颡鱼的食物种类有幼鱼、鱼卵、虾类、水生昆虫、螺类、水生植物等，其中虾类出现的频率最高。

黄颡鱼为一年一次产卵型鱼类，通常2龄性成熟，自然条件下有集群繁殖习性，雄鱼有筑巢的习性，繁殖季节在5月中旬至7月中旬。黄颡鱼适应性很强，分布广，除西部高原外，全国各水域均有分布，是我国常见的经济鱼类。

13. 长吻鮠（*Leiocassis longirostris*）

长吻鮠，俗名“江团”，属鲇形目、鮠科、鮠属。

长吻鮠无鳞，背鳍及胸鳍的硬棘后缘有锯齿，脂鳍肥厚，尾鳍深分叉。体粉红色，背部暗灰，腹部色浅，头及体侧具不规则的紫灰色斑块，鳍为灰黄色。

长吻鮠一般生活于江河的底层，常在水流较缓、水深且石块多的河湾水域里生活。白天多潜伏于水底或石块下，夜间外出寻食，觅食时也在水体的中下层活动，主要以底栖无脊椎动物（如水生昆虫及其幼虫、甲壳类、软体动物）和小型鱼类为食。

长吻鮠一般 4～5 龄性成熟，繁殖产卵期为 4～6 月份。

长吻鮠肉嫩刺少，口感爽滑，非常鲜美，民间有“不识江团，不知鱼味”之说，被誉为淡水食用鱼类的上品。

14. 黄鳝（*Monopterus albus*）

黄鳝属合鳃目、合鳃科。

黄鳝体细长，圆柱状，似蛇形，黄褐色，布满不规则的黑色斑点，有性逆转的特性。鳃退化，借以口腔及喉腔的内壁表皮作为呼吸的辅助器官，能直接呼吸空气，在水中溶氧量非常贫乏时也能生存，出水后只要保持皮肤湿润，数日内也不会死亡。

黄鳝是营底栖生活的鱼类，适应能力很强，生活于水体底层，喜钻洞穴居。主要栖息于湖泊、池塘、稻田、河流与沟渠等泥质底的水域。

黄鳝多在夜间出外摄食，以底栖无脊椎动物（如水生昆虫及其幼虫、水蚯蚓）为食，也能捕食各种小动物，如蝌蚪和小鱼虾。

15. 乌鳢（*Ophicephalus argus*）

乌鳢是鲈形目、鳢科、鳢属鱼类。

乌鳢身体前部呈圆筒形，后部侧扁。背部及体侧暗黑色，腹部色较淡，体侧有许多青黑色不规则花斑，头侧自眼后有三条纵行黑色条纹。

乌鳢是底栖肉食性凶猛鱼类，通常栖息于水草丛生、底泥细软的静水或微流水中，遍布于湖泊、江河、水库、池塘等水域。捕食对象随鱼体大小而异，体长4～5cm以下的仔鱼主食桡足类、枝角类及摇蚊幼虫等；大一些的幼鱼以水生昆虫的幼虫、蝌蚪、小虾、仔鱼等为食；体长20cm以上的成鱼则以各种小型鱼类（主要指鲫鱼、鳘条、赤眼鳟、泥鳅及各种幼鱼）和青蛙为捕食对象。

乌鳢喜欢栖息于水草茂盛或浑浊的水底，常潜伏不动，靠摆动其胸鳍维持身体平衡，等待时机，一旦发现有鱼类等适口活饵游经附近，便迅速出击，一举捕获。乌鳢摄食量大且贪吃，往往能吞食其体长一半左右的活饵，胃的最大容量可达其体重的60%左右。

乌鳢生长速度快，适应范围广，生命力强，能直接吸收空气中的氧气，且肉味鲜美，没有肌间刺，是我国重要的经济鱼类。

16. 蓝鳃太阳鱼（*Lepomis macrochirus*）

蓝鳃太阳鱼是鲈形目、太阳鱼科鱼类。

蓝鳃太阳鱼为底栖偏肉食性的中小型鱼类，一般个体都在50～100g。原产地在北美，20世纪八九十年代

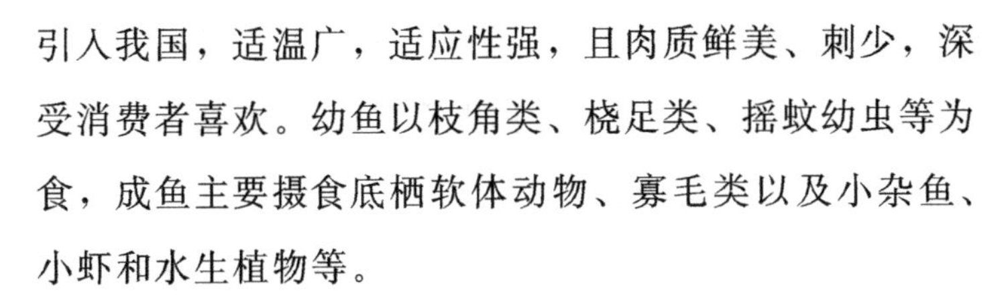

引入我国，适温广，适应性强，且肉质鲜美、刺少，深受消费者喜欢。幼鱼以枝角类、桡足类、摇蚊幼虫等为食，成鱼主要摄食底栖软体动物、寡毛类以及小杂鱼、小虾和水生植物等。

蓝鳃太阳鱼繁殖力很强，仔鱼孵出后一年可达性成熟，属一年多次产卵鱼类。

同属的瓜仁太阳鱼（*Lepomis gibbosus*）尤喜食底栖软体动物，自然状态下肠道食物组成中90%是螺类。

17. 达氏鲟（*Acipenser dabryanus*）

达氏鲟属鲟形目、鲟科、鲟属。

达氏鲟体呈长梭形，胸鳍前部平扁，后部侧扁。头呈楔形，吻端尖细，稍向上翘。体背部和侧板以上为灰黑色或灰褐色，侧骨板至腹骨板之间为乳白色，腹部黄白色或乳白色。

达氏鲟为纯淡水鱼类，主要在长江中上游干支流的中下水层生活。生殖季节为春季3～4月份和秋冬11～12月份，以春季为主。主要以底栖无脊椎动物（如水生昆虫幼虫、寡毛类等）、小型鱼类、植物碎屑、附生藻类和泥沙中的有机物为食。

达氏鲟生长快，为中大型鱼类，自然界中2龄体重达1.8kg，平均体重10～20kg。雌鱼性成熟年龄为6～8龄，雄鱼性成熟年龄为4～7龄。

栖息于底层的鲟形目、鲟科、鲟属鱼类还有施氏鲟（*Acipenser schrenckii*，又称史氏鲟）、俄罗斯鲟（*Acipenser gueldenstaedti*）。

施氏鲟是分布于黑龙江水系的名贵鱼类。体长，呈梭形，头略呈三角形。吻下面须的基部前方中线上有数个突起，故称“七粒浮子”，体侧骨板32～47个。

施氏鲟具有个体大、寿命长、生长速度快等特点。一般体重5kg左右，最大可达3m长、重80kg。施氏鲟生活于河流中下层，在水体底层游动，性温顺，适温范围广，为淡水定居性鱼类。施氏鲟幼鱼的食物以底栖生物、水蚯蚓和水生昆虫为主；成鱼则以水生昆虫、底栖生物和小型鱼类为食。性成熟年龄，雄鱼一般为6～7龄，雌鱼较晚，为9～10龄。

18. 青虾（*Macrobrachium nipponense*）

青虾在分类学上隶属于节肢动物门、甲壳纲、十足目、游泳虾亚目、长臂虾科、沼虾属。青虾学名为日本沼虾，主要分布于中国和日本淡水水域中，具有繁殖力高、适应性强、食性广、可常年上市等优点。

青虾营底栖生活，几乎全国各地都有分布，遍布湖泊、水库、江河、池塘和沟渠等水域。青虾喜欢栖息在水草丛生、溶解氧丰富的缓流处，栖息水深从1～2m到6～7m均可。夏秋季青虾在岸边浅水处寻食和繁殖，冬季则转移到较深的水域越冬，很少摄食和活动。

青虾是杂食性动物，自然水域中的成虾主要摄食各种底栖无脊椎动物，如水生昆虫幼虫、寡毛类、软体动物幼体，以及水生动物的尸体、附生藻类、丝状藻类、有机碎屑、植物碎片等。

青虾不耐低氧环境，其耗氧率和窒息点都比一般鱼类高。

青虾肉味鲜美，营养丰富，烹饪方便，是深受群众欢迎的水产品类。

19. 中华鳖（*Trionyx Sinensis*）

中华鳖，又名甲鱼、水鱼、王八，隶属于爬行纲、龟鳖目、鳖科。

中华鳖属底栖肉食性动物，在我国分布广泛，栖息于湖泊、池塘、水库、江河等水流平缓、底栖动物较丰富的淡水水域。在安静、清洁、阳光充足的水岸边活动较频繁，喜欢晒太阳，冬季需要冬眠。从仔幼鳖到成鳖摄食的食物有浮游动物、水蚯蚓、水生昆虫及其幼虫、螺类、蚌蚬类、鱼虾。底栖动物缺乏时也可以食用水草、谷类等植物性食物。

中华鳖的肉味鲜美，营养丰富，蛋白质含量高，具有一定的药用价值，是我国传统食疗、滋补的名贵水产佳品。

20. 河蟹（*Eriocheir sinensis*）

河蟹属底栖甲壳动物，学名中华绒螯蟹，味道鲜美，营养丰富，具有很高的经济价值，是我国传统的名贵淡水产品。

河蟹的生活史历经蚤状幼体、大眼幼体、幼蟹和成蟹等几个阶段，一生中幼体需要 5 次蜕皮成为大眼幼体，再经 13～15 次蜕皮成为成蟹。每年的秋季常洄游到出海的河口产卵，第二年 3～5 月孵化，发育成幼蟹后再溯江洄游。河蟹一生只有一个生殖周期，繁殖结束，生命终止。一般来说，河蟹的寿命为 1～3 龄。

河蟹喜欢栖居在湖泊、池塘、江河浅滩的洞穴里，或藏匿在石砾和水草丛中。河蟹以掘穴为其本能，同时也是河蟹防御敌害的一种适应方式。

河蟹食性很杂，喜欢摄食底栖动物（如螺类、蚌蚬类）、水生昆虫及其幼虫、水生植物、小鱼虾以及腐殖质、动物尸骸等。

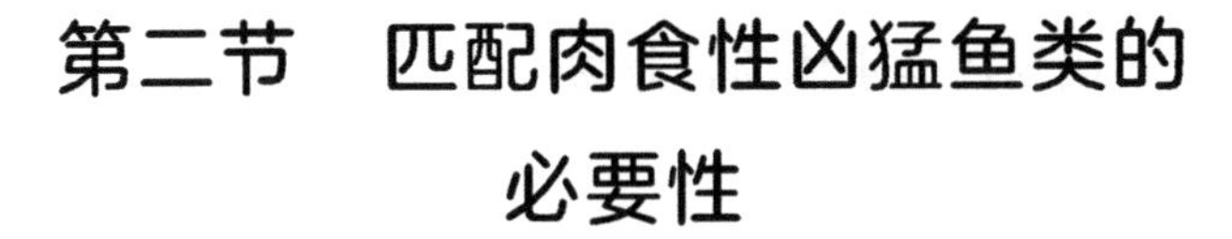

第二节　匹配肉食性凶猛鱼类的必要性

传统渔业认为，凶猛鱼类的存在将大量吞食人工放养的鱼种，这不仅使食物链延长，能量利用效率降低，而且破坏渔业生产放养措施的实行，严重影响水体的渔业产量。因此，必须根据这些凶猛鱼类的生态学特性，在繁殖期间用网捕、人工除卵和药物灭卵等方法予以杀灭，或采取针对性网具渔法对肉食性凶猛鱼类进行大力除野捕杀。这导致许多湖库水体肉食性凶猛鱼类稀少，小型野杂鱼类占比过大，不仅大大降低了渔业经济效益，而且湖库水生食物网结构不合理，营养级向上传递中断，不利于水质净化。

从维系水生食物网结构合理与提高营养级转化效率，以及增加渔业经济效益的角度分析，肉食性凶猛鱼类的存在有其必然性的一面。凶猛鱼类吞食的小型鱼类，大都是以水中微小动植物和水体有机碎屑为食的小型野杂鱼类，它们繁殖力强、寿命短、经济价值不高。没有凶猛鱼类对它们的稀疏作用，小型鱼类会大量繁殖而成为大型经济鱼类的竞争对手。从另一方面来说，没有凶猛鱼类对它们进行摄食，从而完成向高一营养级生物的转化，这些小型野杂鱼类大多会自生自灭，回归自然重新成为污染水体的营养物质。

一、我国湖库水体自然渔业资源状况

国内的许多大型湖泊，例如洪泽湖、太湖、巢湖等长江中下游湖泊，其渔业资源都出现了小型化的现象。鱼类资源小型化包括鱼类种类结构小型化和种群结构小型化。种类结构小型化指渔获物中小型鱼类在组成和比重上占据优势；种群结构小型化指渔获物中鱼类种群呈现年龄结构的低龄化和个体小型化。

洪泽湖 2010—2011 年渔业年产量（林明利等，2013）为 2200×10^4kg，以刀鲚和鲫为主的小型鱼类（均为性成熟年龄小、个体小、寿命短、经济价值不高的鱼类）产量达 1967×10^4kg，占比 89.4%；鳜、翘嘴鲌、乌鳢和鲇等大型食肉性鱼类合计仅占 0.89%；其他食鱼性鱼类（如鳡、蒙古鲌、达氏鲌等）数量更为稀少。餐鲦鲦

由图 4-1 可知洪泽湖渔业年产量组成中，刀鲚产量最大，为 1150×10^4kg，占总产量的 52.27%；鲫位居第二，总产量 340×10^4kg，占 15.45%；杂鱼主要是鳘

条、黄颡鱼、鳑鲏、蛇鮈、麦穗鱼、棒花鱼等小型鱼类。

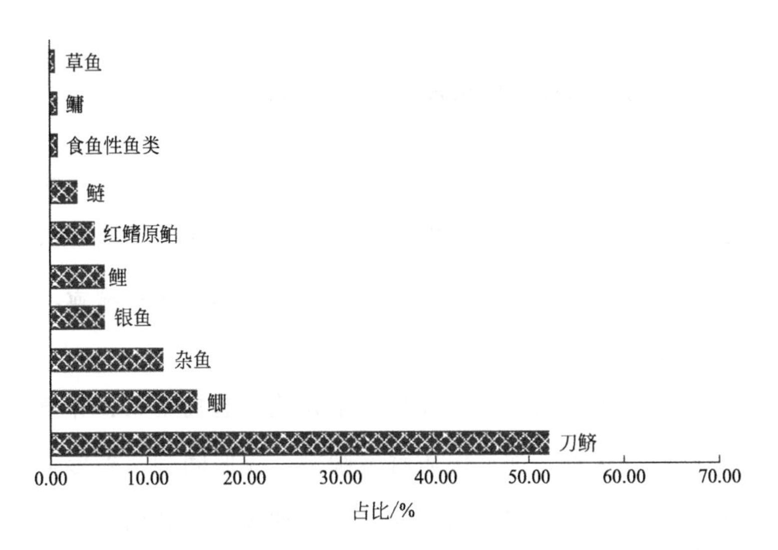

图 4-1　2010—2011 年洪泽湖渔业年产量组成

（自林明利等，2013）

太湖渔业资源 2014—2016 年间持续调查结果显示（谷孝鸿等，2019），太湖鱼类优势种群主要为湖鲚，以及其他一些小型的鱼类，如间下鱵、陈氏短吻银鱼、大银鱼等，优势种群小型化极其显著，鱼类个体重低于 30g 的小型鱼类占绝对优势。

北方第一大湖呼伦湖的渔获物中，小型鱼类贝氏䱗的比重更是高达 90%以上。

二、常见的肉食性凶猛鱼类

1. 大口黑鲈（*Micropterus salmoides*）

又名加州鲈鱼，属鲈形目、鲈亚目、太阳鱼科、黑鲈属。大口黑鲈身体呈纺锤形，背部为青灰色，腹部灰白色。从吻端至尾鳍基部有排列成带状的黑斑，鳃盖上有三条呈放射状的黑斑。

大口黑鲈具有适应性强、生长快、起捕率高、养殖周期短等优点，加之肉质鲜美细嫩，无肌间刺，外形美观，深受广大消费者的欢迎，是一种优质、高档的淡水鱼类。

大口黑鲈主要栖息在湖泊、水库、池塘溶解氧丰富、水温较暖的浅水处，喜栖息于沙质或沙泥质且浑浊度低的静水环境，尤其喜欢群栖于清澈的缓流水中。

大口黑鲈是以肉食为主的凶猛鱼类，仔幼鱼食物以轮虫、无节幼体、枝角类、桡足类为主。体长 3.5cm 以上的幼鱼即可以捕食小鱼，除了小型鱼类、虾外，无脊椎动物也是其主要食物。当食物缺乏时，大口黑鲈常出现自相残食的现象。大口黑鲈性凶猛，掠食性强，摄食量大，水温 25℃以上时，幼鱼摄食量可达自身体重的50%，成鱼达20%。

大口黑鲈的繁殖季节在3～6月，4月中下旬为产卵盛期，繁殖适宜温度为18～26℃，最适温度为20～24℃。性成熟年龄一般为1龄，但以2龄、3龄个体的繁殖效果较好。一年内可多次产卵，卵具黏性。

2. 鳜鱼（*Siniperca chuatsi*）

鳜鱼属鲈形目、鲈亚目、鮨科、鳜属。鳜鱼体高侧扁，背部显著隆起。体背侧棕黄色，腹面白色，身体具许多不规则的褐色斑块和斑点。自吻端经眼至背鳍第三鳍棘基底有1条黑褐色斜纹，在第六至第八鳍棘下方有1条垂直宽纹。背部背鳍基底有4～5个斑块，背鳍、臀鳍和尾鳍均具有黑色点斑。

鳜鱼喜欢栖息于湖泊、水库、江河等水草茂盛、溶解氧丰富、较清净的水体中。除青藏高原外，我国其他地区均有分布。白天一般潜伏于水底，有卧穴的习性，夜间四处活动觅食，不喜欢做长距离的洄游和迁移，喜欢独居。

鳜鱼为肉食性鱼类，性凶猛，终身以鱼类和其他水生动物为食。仔幼鱼阶段即可捕食其他鱼苗。长度达20cm时，主要捕食小型鱼类和虾，也食蝌蚪和小蛙，再大一些的鳜鱼就能捕食如鲤、鲫等其他适口鱼类。食物缺乏时会吞食同类。

鳜鱼的繁殖季节，长江流域每年为5月中旬至6月上旬。自然条件下，鳜鱼产卵场通常在有一定流速的湖泊进水处，或有风浪拍击的岸滩，或江河中，在雨后涨水的夜晚产卵活动最盛。鳜鱼通常雄鱼1～2龄、雌鱼2～3龄性成熟。

鳜鱼肉质细嫩，味鲜美，刺少肉多，营养丰富，深受广大消费者的喜爱，是高档的淡水食用鱼类。

3. 翘嘴红鲌（*Chanodichthys erythropterus*）

翘嘴红鲌是鲤形目、鲤科、鲌亚科、红鲌属的鱼类。体形较大，细长侧扁，呈柳叶形。口上位，上颌短，下颌厚而突起并向上翘，由此得名“翘嘴鱼”。

翘嘴红鲌是鲌亚科中最大的一种鱼类，常见个体为2～2.5kg，最大的个体达10kg左右。翘嘴红鲌分布很广，长江水系、黄河水系、珠江水系等的湖泊、水库，全国大部分水域都有分布。

翘嘴红鲌是以活鱼为主食的凶猛肉食性鱼类，鱼苗期以浮游动物及水生昆虫为主食，50g以上时主要捕食小型鱼类和虾，也可吞食少量幼嫩植物。该鱼游动迅速，平时游弋于水域上层，一旦发现食物，即如离弦之箭进行捕食。觅食以视觉为主，但嗅觉也很灵敏。

翘嘴红鲌行动迅猛，善于跳跃，性情暴躁，容易受

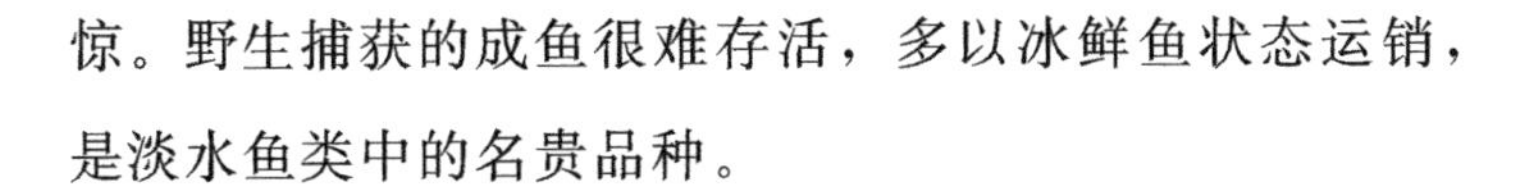

惊。野生捕获的成鱼很难存活，多以冰鲜鱼状态运销，是淡水鱼类中的名贵品种。

4. 鳡鱼（*Elopichthys bambusa*）

鳡鱼属鲤形目、鲤亚目、鲤科、雅罗鱼亚科。

鳡鱼为大型凶猛鱼类，体长，其形如梭，头锥形。吻尖长，口端位，口裂大，吻长远超过吻宽。下颌前顶端有一坚硬的骨质突起，与上颌前端的凹陷相嵌合。无须，鳞小，尾鳍深分叉。生活时体色微黄，背部灰黑，腹部银白色。

鳡鱼为生活在江河、湖泊、水库中上层的大型鱼类，游泳迅速，行动敏捷，是一种主要以鱼类为食的典型凶猛鱼类。我国除西北和西南地区之外，自北向南，平原地区各水系均有分布。

鳡鱼以捕食其他鱼类为生。体长约 1.5cm 的仔鱼即开始追捕其他鱼类的仔鱼为食，体重 15kg 的鳡鱼能吞食 4～4.5kg 的鲤鱼和鲢鱼，常被认为是我国渔业生产中的一大“害鱼”，被列为清除对象。

鳡鱼生长快，个体大，肉味鲜美，营养丰富，一向被视为高档名贵的淡水鱼类。

第五章

以渔净水 变废为宝

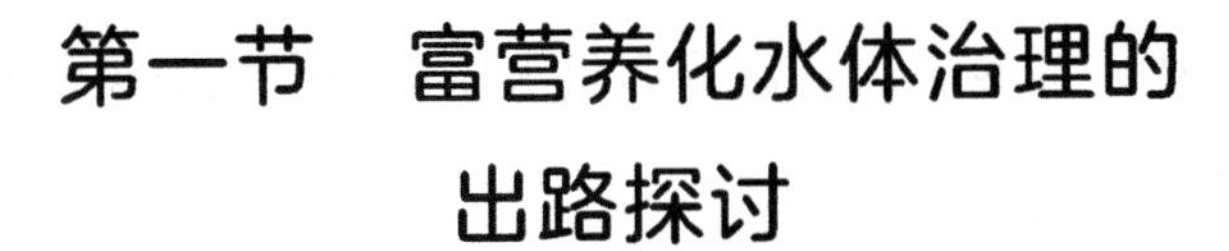

第一节 富营养化水体治理的出路探讨

一、控制底泥悬浮可以治理富营养化吗

底部淤泥是富营养化湖库最主要的内源营养库，富营养化水体治理必须把底部沉积物作为重点来考虑，着眼于淤泥的利用、转化，并脱离水体，这是解决问题的基本思路。

然而在富营养化水体治理中，较为普遍的观点是把底部淤泥与水体营养物质人为割裂开来，认为淤泥的悬浮加重了水体富营养化的程度，主观意愿是要把沉积物封存在底部。落实在具体措施上，就是消除或减少沉积物的悬浮。

1. 采取挡风消浪措施，减少风浪扰动

风浪是导致沉积物大量悬浮和营养盐释放的主要原因。研究表明，太湖北部湖区底泥受风浪扰动悬浮的临

界风速约为 3～4m/s，风浪引起的沉积物再悬浮占比70%。添加絮凝剂防止底泥悬浮，促进水体悬浮物、营养盐加速沉淀，这是富营养化水体治理实践中经常使用的措施。

2. 恢复沉水植物

实现草型湖泊功能的措施之一，就是减少沉积物的悬浮。没有沉水植物覆盖区域的底泥营养盐释放量较有水生植物覆盖的区域高十倍以上。野外一周年的原位底泥再悬浮观测表明，没有水生植物覆盖的区域再悬浮可以导致水体总氮浓度增加 0.34mg/L，总磷浓度增加约0.05mg/L（秦伯强等，2020）。

其实，大面积湖库通过采取挡风消浪措施消除风浪扰动是不可能实现的；富营养化水体其水深远远大于透明度，恢复大型沉水植物也是难上加难。

由于水自身的密度、比热特性，在温带、亚热带的大部分地区，每年春季、深秋初冬都存在一个上下水体易翻转时期。这方面深水湖库更能说明问题，几十米深的深水湖库不存在由于风浪扰动导致沉积物再悬浮的现象，但由于春季、深秋初冬存在易翻转时期，一样引起沉积物悬浮。河南地区每年的深秋初冬时节，在水体易翻转期因沉积物悬浮导致整个深水水库浑浊的现象可以持续 2 个月左右。

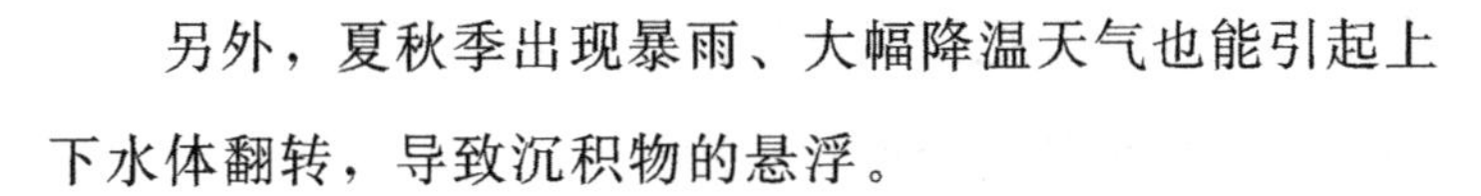

另外，夏秋季出现暴雨、大幅降温天气也能引起上下水体翻转，导致沉积物的悬浮。

综上所述，富营养化水体治理中，采取挡风消浪、恢复沉水植物的措施来避免沉积物悬浮，希望底泥永久封存在底部是难以实现的。

二、富营养化水体治理的出路是什么

富营养化水体治理，理论上争议的热点是，营养盐削减策略是以控磷为主还是氮、磷双控，哪种方案更为科学合理；学术研究方面，局限于营养物质分解转化、沉淀、滞留，以及氮、磷元素的吸附、吸收，硝化、反硝化等内部过程；实践上，添加除磷剂、絮凝剂加速悬浮有机物絮凝沉淀，防止沉积有机物悬浮。然而这些有机物脱离水体了吗？絮凝沉淀后水体中有机物以及氮、磷营养盐不仅没有减少，还额外增加了铁、铝等金属污染；恢复沉水植物吸收营养盐，短时期看起到了净化作用，但这些庞大数量的沉水植物如果不能搬离水体，枯萎、死亡、腐烂后又会回到水体成为污染物。

富营养化水体治理的根本出路就是通过水体生态系统循环运转将湖库以沉积有机物为主的营养物质转化为

合适的载体，并把该载体移出湖泊和水库，这也是富营养化水体治理的出发点和实质。

合适载体应具备的条件：

① 水域生态系统衍生出的生物链各个链节，该载体都能充分利用；

② 能够维持与带动庞大的食物链（网）生物基础；

③ 适应即时的水体环境，并易于增殖与生长；

④ 具有很大的经济价值；

⑤ 容易从水体移出。

三、水生植物能成为富营养化水体治理的转化载体吗

在富营养化水体治理方面，水生植物（主要指沉水植物）的恢复被寄予厚望，这也是目前公认的富营养化水体治理的主要手段。

这里我们从富营养化水体治理的转化载体这一角度，来看水生植物能否胜任。

① 水生植物远远不能够全面利用水域衍生的食物链节生物。水生植物只能是吸收利用简单的C、N、P

等无机元素（与藻类处于同一营养级，是竞争关系）。水域衍生的生物有细菌，藻类，原生动物，浮游动物，水生昆虫及其幼虫，寡毛类，软体动物等，水生植物都无法摄食利用，这些衍生生物若不能被利用，就会自生自灭，回归水体。

② 水生植物不能够维持与带动庞大的食物链（网）生物基础。水生植物是0营养级，处于生态系统食物链（网）金字塔最底层，与细菌（碎屑）、藻类一样属于水域基础食物源，收获一定量的水生植物，对其他生物层级影响有限。

能够维持与带动庞大的食物链（网）生物基础。这是从水域生态系统食物链（网）营养级来说，转化载体营养层级高，维持其产出所需要的较低营养层级就多。金字塔型营养层级向下生物量呈指数级增大，因此，该载体营养层级越高，其金字塔基础的生物量越大，说明水体有机物质、营养盐转化成生物量就越多。

③ 水生植物（主要指沉水植物）不能适应现实的富营养化水体环境，难以大面积恢复与生长。因为富营养化水体透明度低，底部缺乏光照，大型沉水植物不能生存生长。大面积恢复沉水植物，需要透明度大于等于水深，而对于治理的富营养化水体，其水深远远大于透明度，恢复沉水植物难上加难。

④ 水生植物没有多大的经济价值。

⑤ 水生植物不容易从水体移出。这一条也很重要，往往被忽视。大面积湖库里沉水植物收割打捞、搬离水体难度非常大。

第二节 渔类是富营养化水体治理中理想的转化载体

富营养化水体治理的实质就是通过水体生态系统循环运转将湖库以沉积有机物为主的营养物质转化为合适的载体，并把该载体移出湖泊和水库。上一节已阐述水生植物不能满足合适载体的条件，那么有没有合适的载体呢？有！就是渔类。

一、为什么说渔类是富营养化水体治理中理想的转化载体

1. 渔类能够充分利用水域生态系统衍生生物链各个链节生物

湖库水体有机物营养物质衍生最基础的生物就是

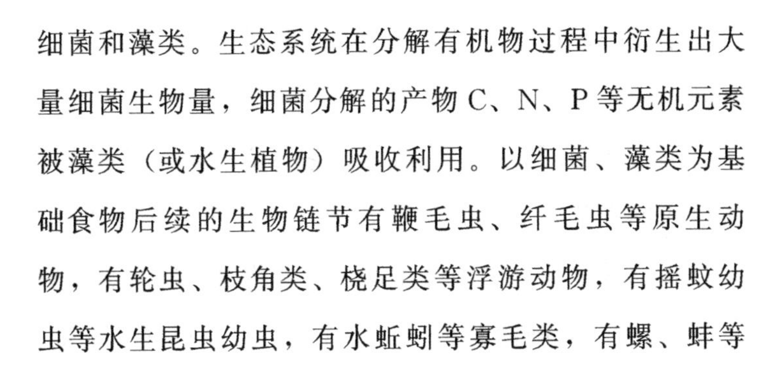

细菌和藻类。生态系统在分解有机物过程中衍生出大量细菌生物量，细菌分解的产物C、N、P等无机元素被藻类（或水生植物）吸收利用。以细菌、藻类为基础食物后续的生物链节有鞭毛虫、纤毛虫等原生动物，有轮虫、枝角类、桡足类等浮游动物，有摇蚊幼虫等水生昆虫幼虫，有水蚯蚓等寡毛类，有螺、蚌等软体动物等。

由水域生态系统衍生的这些食物链节生物，诸如细菌、藻类、水草、原生动物、浮游动物、水生昆虫及其幼虫、寡毛类、甲壳类、软体动物等，都能匹配相应的渔类来摄食利用。

2. 渔获物能够维持与带动庞大的食物链（网）基础生物量

渔获物能够维持与带动多么庞大的食物链（网）基础生物量呢？它对于水质净化的巨大作用是怎么体现的？

科学制定湖库水域合理的渔类种群结构，综合来看，渔获物营养级处于2.8～3.0左右是合理的。我们以太湖为例，据计算太湖每年渔获物产量达到22万吨，即可与外源营养物质输入相抗衡，也就是说，每年外源输入的营养物质都可以通过转化为渔获物这个载体脱离水体，以保证太湖富营养化程度不会加重。

渔类作为理想的转化载体，它会使水体生态系统产生巨大的变化。为简化计算，渔获物营养级按3级计，根据林德曼定律，要维持生态系统食物链（网）金字塔上顶部的22万吨渔获物，需要庞大的金字塔底部基础，具体来说，需要1000×22万吨的细菌、藻类、水草等基础食物源；需要100×22万吨的原生动物、浮游动物、水生昆虫及其幼虫、寡毛类、甲壳类以及食草性动物等初级消费者；需要10×22万吨的底栖动物、小型野杂鱼类、食浮游生物鱼类等次级消费者。为了维持22万吨渔获物产量，必须调动和促使太湖历年沉积有机物、营养盐类转化为1000倍以上的鲜活生物，这就是渔类作为理想的转化载体，对于整个湖库水质净化起着巨大作用的体现。

3. 湖库渔类捕获量如何能够大幅提高

目前渔获物的产出要达到与外源营养盐输入相抗衡，就需要大幅度提高湖库渔类的产量，这是以渔净水，通过“转化载体”治理富营养化水体的前提条件。

要大幅提高渔获物产量，必须破除湖库渔业以鲢鳙鱼类为主的观念。要以湖库水域生态系统食物网结构的完整性，尽量提高物质能量的转化效率为考虑的基本思路。

要想大幅度提高渔获物产量，需要促进沉积有机物衍生出更多的基础食物源，能转化更多的饵料生物；改善底部溶氧状况，大幅增加底栖动物群落，配套对应的食底栖生物渔类；科学配套相应比例的肉食性凶猛鱼类。这些措施的实施，一方面确保渔获物处于水域生态系统食物链（网）金字塔模型的顶部区域，另一方面代表基础食物源、饵料生物的金字塔模型底部区域足够大，才能维持金字塔模型顶部渔获物的产出，只有大幅扩大基础食物源、饵料生物基础生物量，才能保证渔获物的产出。参阅图 2-2 所示。

二、以太湖为例，说明“转化载体”治理富营养化水体的基本逻辑

太湖渔业统计资料显示，太湖渔类捕获产量总体呈不断增长的趋势。1996—2016 年的 20 年间，捕捞产量平均每年增长 2551t。至 2016 年总产量达到 73152t，单位水域产量达到 312.9kg/hm^2（谷孝鸿等，2019）。

据测算，一般鱼体含氮2.5%～3.5%，含磷0.3%～0.9%，即捕捞1kg鱼类就相当于从水体中带走25～35g氮、3～9g磷。由此推算，太湖2016年渔获物总产量73152t，通过渔获物捕捞出水，相当于移出氮1828.8～2560.32t，移出磷219.456～658.368t。

水利部太湖流域管理局的数据表明，2008—2018年多年平均太湖外源营养盐输入的总氮约为40000～50000t，总磷约为2000t。2016年太湖渔获物总产量73152t，以磷指标推算，移出磷219.456～658.368t，按上限658.368t计算，也仅仅是外源营养盐磷输入量（2000t）的约三分之一（秦伯强等，2020）。若外源营养物质输入量不能有效减少的话，太湖富营养化程度不会减轻，只会逐渐加重。

三、能够与外源营养盐输入相抗衡，太湖渔类捕获量需要达到的临界值

如果外源磷输入量2000t，与此相抗衡，应通过渔获物捕捞移出磷2000t。为便于计算，按照1kg渔获物含9g磷推算，太湖每年渔获物总产量需要达到22万吨才能带出2000t磷。

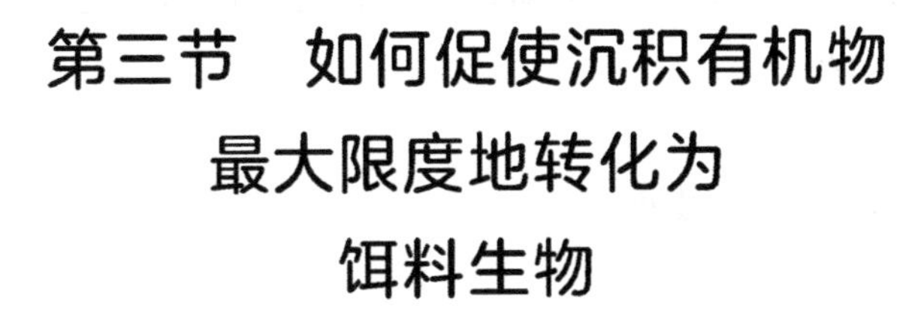

第三节　如何促使沉积有机物最大限度地转化为饵料生物

一、湖库自然水域生态系统食物网中，食物链的划分

1. 牧食食物链与碎屑食物链

湖库自然水域生态系统食物网中物质循环与能量流动的研究路径，一般分为牧食食物链与碎屑食物链。如千岛湖生态系统食物网中牧食食物链的能量流占系统总能量流的56%，碎屑食物链的能量流占系统总能量流的44%（于佳，2019）。

牧食食物链是以植物为基础开始的食物链，湖库水域中多指以藻类为基础开始的食物链，即传统认知的初级生产力，其路径为藻类→浮游动物→鱼类。该食物链能量流动路径一般有：藻类→原生动物→浮游动物→滤食性鱼类……；藻类→滤食性鱼类……等。

碎屑食物链是以有机物颗粒和细菌混合的有机碎屑

为基础开始的食物链，该食物链能量流动路径一般有：有机碎屑→底栖无脊椎动物……；有机碎屑→滤食性鱼类……等。

2. 微生物组分

“微生物组分”是瑞典淡水生态学家和湖沼学家 Bronmark C. 与 Hansson L. A.（2013）提出的概念，是指以细菌为主，包括直接摄食细菌的异养型鞭毛虫和纤毛虫组成的微生物群落。

当人们试图量化浮游食物网（牧食食物链）中的能量（碳）转换量时，发现在很多湖泊中，浮游植物产生的碳不足以解释食物网更高营养级的动物的生产力。在定量化的能量流中，缺失的一个重要链节就是由细菌、异养型鞭毛虫和纤毛虫组成的微生物群落。这些生物在水体中的数量非常大，但是却没有被包括在传统的食物网中，传统的食物网研究主要专注于藻类→浮游动物→鱼类。

在关注微生物组分不久，Bronmark C. 与 Hansson L. A. 就发现细菌重新利用浮游植物、浮游动物和鱼类排泄物中以溶解有机碳形式存在的部分碳源，当细菌被异养型鞭毛虫和纤毛虫摄食后，这些鞭毛虫和纤毛虫又被大型浮游动物、轮虫甚至小型鱼类摄食，部分从浮游生物系统中损失的碳又通过微生物组分返回到传统食物网中（图 5-1）。这些从浮游生物系统中损失的碳循环被称为“微生物环”，这一发现同时澄清了湖泊能量收支中存在的不少问题。

藻类分泌物在夏季是对细菌特别重要的碳源，此时细菌的生产力很高且在藻华末期，衰亡的藻体会释放高浓度的碳。藻类光合作用固定的碳有 50% 以上被释放并被细菌利用，这表明细菌接收了大部分藻类的碳。更高营养级（如鱼和浮游动物）的排泄物，也为微生物环提供了重要的营养输入（图 5-1）。

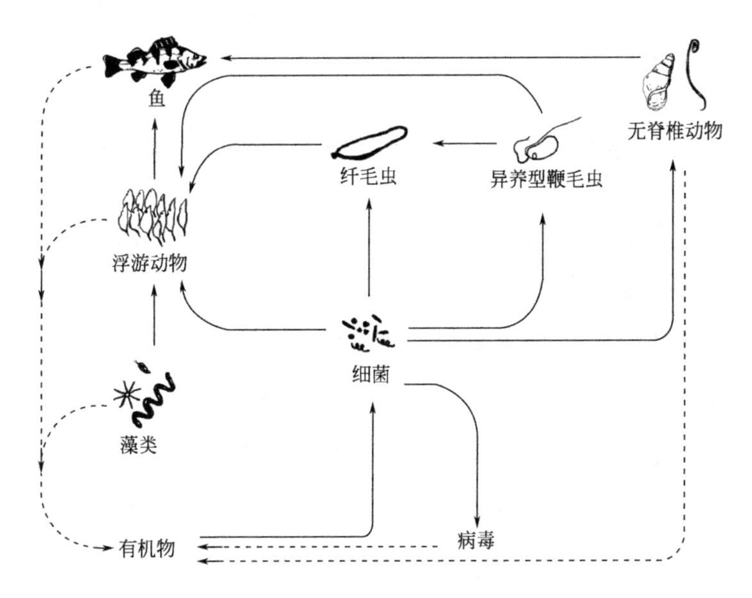

图 5-1　微生物组分循环与包括藻类、浮游动物和鱼类的传统食物链之间的联系

（改自 Bronmark C et al，2013）

异养型鞭毛虫主要食用细菌，每天每个个体的摄食量为100～1000个细菌，具体取决于鞭毛虫种群、温度和细菌的丰度。高的摄食压力导致水体中细菌丰度一般受鞭毛虫牧食的调节，鞭毛虫每天的摄食可达到30%～100%的细菌产量。

纤毛虫主要摄食藻类、细菌，以及异养型和自养型的鞭毛虫。一个纤毛虫摄食细菌的速率与异养型鞭毛虫相当，每天每个个体的摄食量大概为100～1000个细菌。但是因为纤毛虫的丰度只有鞭毛虫的二十分之一，所以它们对细菌丰度的影响要比异养型鞭毛虫小很多。

3. 细菌（呼吸）食物链与藻类（光合）食物链

牧食食物链与碎屑食物链的划分方法，忽视了细菌作为基础食物源的巨大作用，以藻类为食的饵料生物，基本上都可以摄食细菌。如藻类、细菌→原生动物→轮虫→枝角类……；藻类、细菌→底栖无脊椎动物……。传统划分的牧食食物链中物质和能量很大比例是由细菌贡献的，藻类、细菌→底栖无脊椎动物……这条食物链中细菌的贡献量远远大于藻类。

细菌与藻类都是由废弃有机物衍生出来的，是湖库水域中的两大基础食物源，在这一过程中，细菌与藻类相伴相生，偶联在一起。没有细菌对有机物的分解，没有简单的C、N、P等无机元素，就没有藻类生长。而有机物作为细菌的营养食物，在被利用衍生出大量细菌生物量的同时，一系列细菌种群新陈代谢的产物，也使有机物逐步降解为简单无机盐，被藻类吸收利用。

细菌与悬浮有机颗粒混合成有机碎屑进入碎屑食物链，只是细菌作为基础食物源的一部分，而另外的大部分是通过后续的原生动物（微生物组分）、饵料生物摄食进入食物网的。

因此，湖库自然水域生态系统食物网中，物质循环与能量流动途径应该划分为细菌食物链与藻类食物链，或称作呼吸食物链与光合食物链。碎屑食物链只是细菌（呼吸）食物链的一个组成部分。原来的初级生产力概念，需要采用客观、全面反映细菌、藻类两大基础食物源的天然生产力这一概念，由藻类产生的初级生产力只是天然生产力的一部分。

二、底部缺氧环境是沉积有机物衍生基础食物源最主要的限制因素

湖库水域底部淤泥是最丰富的沉积有机物，也是湖库水体最主要的营养物质源。夏秋季由于水温分层

致使水层难以交流，湖库底部常常处于缺氧状态。底部缺氧的环境大大限制了沉积有机物向基础食物源的转化。

① 有机物分解效率很低。缺氧环境中，虽然厌氧细菌可以对沉积有机物进行厌氧分解，但相比于有氧分解，厌氧分解的效率大大降低。

② 许多无脊椎动物难以在缺氧环境下生存，底部产生的细菌生物不能被后续的饵料生物所摄食利用，这些细菌生物又成为淤泥的一部分，向上面营养级有效进入食物链（网）的比例很小。

③ 缺氧环境下有机物分解往往不彻底，一是这些分解的中间产物多是对藻类有害物质；二是能够被藻类吸收利用的分解彻底的简单无机盐占比少，直接影响藻类生物量的产生。

④ 富营养化湖库底部缺少光照，沉水植物无法生长，即便是藻类（底栖藻类）也因不能进行光合作用而无法生存，藻类生物量大大减少。

三、怎样促进沉积有机物衍生出尽可能多的基础食物源

晴朗天气的中午时分，促进底泥再悬浮与上下水层

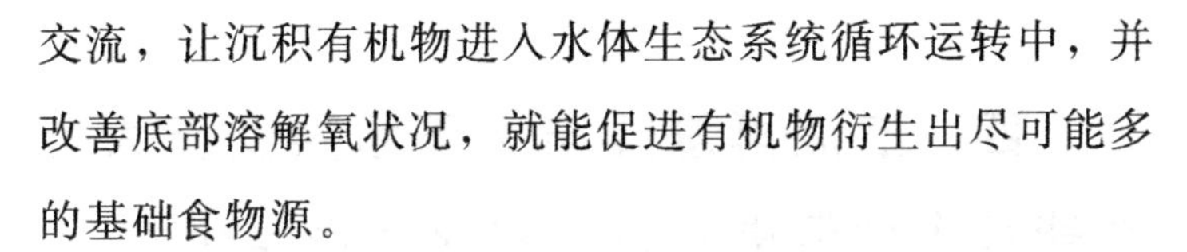

交流，让沉积有机物进入水体生态系统循环运转中，并改善底部溶解氧状况，就能促进有机物衍生出尽可能多的基础食物源。

① 底泥再悬浮能够大大增加有机碎屑量。有机碎屑是基础食物源的重要组成部分，也是细菌食物链的重要组成部分。

② 沉积有机物悬浮进入水体中上层，能够进行有氧分解，分解效率大大提高，这一方面极大地提高了细菌生物量，另一方面藻类能够吸收利用的无机盐大大增加。

③ 蕴藏在底泥中的大量的藻类休眠孢子随着底泥悬浮，将会极大提高藻类生产量。藻类在生活环境不良时，营养细胞的细胞壁直接增厚，形成厚壁孢子；有些藻类则在细胞内另生被膜，形成休眠孢子。它们都可以在底泥沉积物间隙生存下来，经过一段时间的休眠，当环境条件适宜时再行繁殖。

④ 上下水层交流能够促使上层溶解氧丰富的水体及时到达底层，极大地改善底部溶解氧状况，这是底栖软体动物、寡毛类、水生昆虫及其幼虫等无脊椎动物生存的必要条件。处于底部的细菌、有机碎屑、底栖藻类能够被这些底栖无脊椎动物摄食并进入生态食物链（网），不然的话，这些基础食物源只能再次成为底泥的一部分。

四、底泥再悬浮与上下水层交流为什么能极大地促进有机物转化为饵料生物

底泥再悬浮与上下水层交流能够源源不断地衍生出巨大的基础食物源，另外，湖库底部淤泥蕴藏着丰富的轮虫、枝角类、桡足类等饵料生物休眠卵，在缺氧环境下，沉积有机物中这些休眠卵一直处于休眠状态难以萌发。随着底泥悬浮，这些饵料生物的休眠卵到达溶解氧丰富的中上层，加上充足的基础食物源，将会产生非常巨大的原生动物、轮虫、枝角类、桡足类等饵料生物量。

淡水原生动物中形成包囊是普遍的现象。任何一种不利的环境因素都能促使包囊的形成，如环境中理化因子变化、食物缺乏，都会促使原生动物形成包囊。包囊形成时，大多数鞭毛虫和纤毛虫形态上发生显著变化，首先变成球形，伸缩泡和食物泡消失，鞭毛或纤毛结构被吸收，然后分泌包囊壁，形成休眠包囊。另外，当原生动物快速生长和繁殖，使生存空间内个体密度越来越大时，原生动物细胞也会形成包囊。如果环境改善，原生动物会脱囊而出。因此，包囊现象实际上是原生动物抵御不良环境以求生存的一种方式。

轮虫在不适宜的生态条件下产生休眠卵。由于其卵壳很厚，相对密度较大，故多沉浸于水底，混杂于沉积物上。在池塘的底部淤泥中，常形成轮虫休眠卵库，这种休眠卵库的含卵数量很大，多的可达每平方米几万粒到几百万粒。一旦水温、盐度、溶解氧浓度和 pH 等外界环境条件合适，这种休眠卵即开始萌发。

轮虫虽是雌雄异体的动物，但在自然界通常仅能见到雌体，并靠孤雌生殖来繁殖后代，且繁殖力很强，这种雌体称为非混交雌体。其性成熟后所产卵的染色体数目为 $2n$，称为非需精卵，又叫夏卵。夏卵卵壳很薄，不需经过受精，也不需经过减数分裂即可直接发育为非混交雌体。只有在环境条件不良时，才需要两性生殖产生休眠卵，因此休眠卵就是轮虫有性生殖的产物。此外，轮虫休眠卵的形态和卵壳上的附属物还是轮虫分类的重要依据。

枝角类有两种生殖方式，即孤雌生殖和有性生殖，以孤雌生殖为主。环境条件适宜时进行孤雌生殖，雌性枝角类壳瓣与躯干部背面之间有一个空腔，为孵育囊[图 5-2(a)]。卵在母体的孵育囊中迅速发育，经过很短的时间就孵出幼溞。

当出现不利的环境条件时，孤雌生殖终止，一部分卵发育为雄性，其他变为单倍体需精卵。比如缺氧、高种群密度和食物供应急速减少都会诱发雄性个体的产

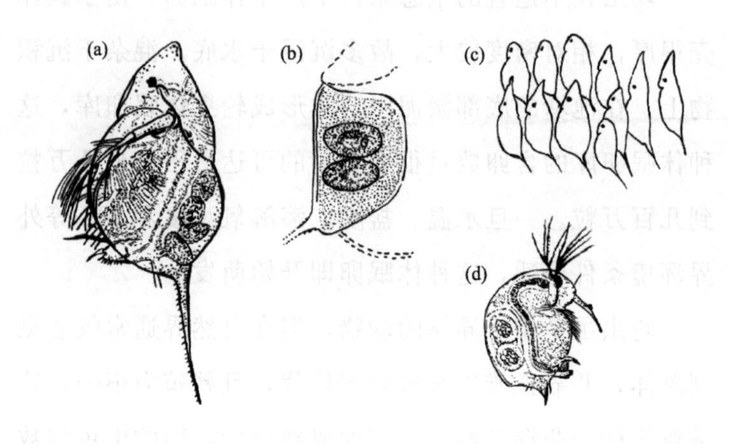

图 5-2 枝角类的生殖方式

（仿自 Bronmark C et al，2013）

（a）孤雌生殖孵育囊中携带四个卵的成龄期溞；（b）有性生殖产生的两个休眠卵保留于卵鞍中；（c）溞个体大小与形态的季节性变化；（d）象鼻溞，一类小型枝角类

生。需精卵受精后形成休眠卵，或在母体壳瓣的参与下形成卵鞍［图 5-2(b)］。休眠卵或卵鞍可以承受恶劣的环境条件，如冰冻或干燥。在有利的环境条件下，休眠卵孵化出新一代的孤雌生殖雌体，并迅速开始孤雌生殖。

外界环境条件的任何波动，都会影响枝角类的生殖量。如食物增加，生殖量提高，食物减少，生殖量就下降；种群密度增大，水中溶氧量下降，都会导致生殖量下降。据研究，水中溶氧量降低到 2～3mg/L 以后，蚤状溞的生殖量将随着溶氧量的继续下降而减少。水温过高或过低、食物缺乏、种群密度过大、溶氧量过低等都会促使夏卵孵出雄体和雌体并产生冬卵，发生有性生殖。

桡足类遇到不良环境时，不仅能形成休眠卵，其幼虫或成体均能以休眠状态度过不利环境，但以桡足幼体（通常是第一期至第五期）和雌、雄成体休眠更为普遍。如常见的剑水蚤、真剑水蚤、中剑水蚤、大剑水蚤等属的许多种类，在春夏之交或秋季开始夏眠或冬眠。在休眠期间，它们的身体藏在一个包囊中，包囊由特殊的分泌物粘住一些泥块或植物碎片形成。水域底部淤泥里休眠的幼体数量每平方米可多达数百至一万多个。

第四节　蓝藻水华暴发原因探讨分析

湖库频繁发生的蓝藻水华，已经成为全世界关注的生态环境灾害。蓝藻水华的暴发不仅污染水质，危及饮用水安全等，更重要的是导致水体藻类的生态功能丧失，大大降低了水体的自净能力，使水体生态系统运转陷入停滞状态。

一、水体富营养化与蓝藻水华发生的关系

关于蓝藻水华发生的成因或机制已经有了很多研究，其中大多数论述立足于蓝藻水华的暴发就是水体富营养化的后果和表征的观点，普遍认为伴随着富营养化的加剧，蓝藻水华暴发的频次和程度才会愈演愈烈。

1. 宿鸭湖水库与南湾水库比较说明

2016—2017 年，笔者对河南省境内一些大中型水库进行了走访调研，其中南湾水库与宿鸭湖水库为重点关注对象。位于信阳市的南湾水库与位于驻马店市的宿鸭湖水库面积相近，正常水域面积都在 78km² 左右。相对来说，宿鸭湖水库富营养化程度比南湾水库要严重得多，用水体透明度做比较，宿鸭湖水库常年透明度仅为 11cm；南湾水库夏季 7～8 月份透明度为 1.5m 左右，冬春季透明度为 2m 左右。

而从蓝藻水华发生的实际情况看，超富营养化的宿鸭湖水库近几年来很少发生蓝藻水华，而富营养化低得多的南湾水库近年来 7～8 月份均发生了严重的蓝藻水

华。蓝藻水华的发生恰恰与富营养化程度呈负相关关系。

2. 香溪河建坝蓄水前后比较说明

香溪河是三峡水库上游主要的支流，在三峡大坝建成蓄水前后，其营养盐浓度变化不大，但自蓄水以来，香溪河库湾每年均暴发不同程度的蓝藻水华（刘流等，2012）。蓄水以后香溪河变成湖泊型库湾，优势藻类从最初的河道型优势藻种（如硅藻、甲藻）向湖泊型优势藻种（如蓝藻、绿藻）演替。

3. 微囊藻培养模拟蓝藻水华形成的实验

孔繁翔和高光（2005）在实验室内进行微囊藻培养来模拟蓝藻水华的形成，在培养微囊藻的过程中添加了大量的营养盐，其营养盐浓度远远超过在湖泊环境中形成水华时的浓度，且光照和温度等条件也控制在最佳状态。即使微囊藻生物量达到很高水平，微囊藻也总是以单细胞状态悬浮于水体，难以观察到自然湖泊环境下形成的群体上浮到水面，积聚以致形成蓝藻水华的现象。

4. 蓝藻水华发生的物质基础

美国环境保护署（EPA）在其《湖泊与水库技术

指导手册——营养盐标准》中指出，在湖泊与水库中，TP 与 TN 浓度分别超过 0.01mg/L 与 0.15mg/L 时，即有可能发生蓝藻水华，也就是说具备了发生蓝藻水华的物质基础。对照我国《地表水环境质量标准》(GB 3838—2002)，Ⅰ类水营养限值 TP≤0.02mg/L，TN≤0.2mg/L，已经超出了蓝藻水华发生的营养水平。也就是说，湖库水体即使是Ⅰ类、Ⅱ类水质，一样具有暴发蓝藻水华的风险，如 1998—1999 年营养化水平不高的千岛湖同样发生了严重的蓝藻水华。

二、水温分层是蓝藻水华发生的前提条件

从气温逐渐升高的春季开始，整个夏秋季节，由于水温差形成的水体上下分层现象非常普遍。上层水温度高、比重小，下层水温度低、比重大。上下水层水温差越大，分层越牢固，处在晴朗、无风天气条件下时，这种分层现象很难被打破。持续的上下水温分层正是蓝藻水华发生的前提条件。

自然条件下，凡是有利于培育、固化水温分层的因素，如无风、无雨，晴朗天气下稳定性强的水体容易发生蓝藻水华；凡是可以打破、减弱水温分层的天气环

境，如大风、大雨等，都能减少蓝藻水华的大面积暴发，或对蓝藻水华有明显的抑制作用。在这方面，不少学者都有大量的实证资料与研究结论可以印证。

1. 风浪与蓝藻水华发生的关系

杭鑫等（2019）根据2005—2017年卫星遥感反演的太湖蓝藻水华信息，利用区域气象观测数据分析了各类气象因子对太湖蓝藻水华形成的影响。结果表明：蓝藻水华的形成主要集中于风速较小的情况，风速较大时会对蓝藻水华产生明显的抑制作用。风速≥3.5m/s时，蓝藻水华出现的次数占比仅为3.4%～10.4%，且基本上不会出现大面积蓝藻水华。蓝藻水华暴发最适宜的平均风速为0.5～3.4m/s，该风速区间内蓝藻水华累计出现次数占比达94.7%，大面积蓝藻水华主要出现在平均风速＜2.0m/s的情况，占比89%。

太湖大面积蓝藻水华主要出现在平均风速＜2.0m/s的情况，风速≥3.5m/s时没有出现过大面积蓝藻水华。这说明较大风浪引起的上下水层扰动大，促使上下水层掺混力度变大，削弱或打破了上下水温的分层。

2. 降雨与蓝藻水华发生的关系

张德林等（2012）根据1998—2009年淀山湖蓝藻

水华发生程度和同期气象资料，分析发现每年的6～8月降水量与蓝藻水华发生程度呈负相关关系。当6～8月降水量≤420mm时，一般淀山湖蓝藻水华暴发程度为严重（蓝藻水华发生的面积超过10km²），如2007年6～8月降水量为320.9mm，淀山湖蓝藻水华发生程度为特别严重；当6～8月降水量≥550mm时，一般淀山湖蓝藻水华发生程度为轻度（蓝藻水华发生的面积小于1km²），如蓝藻水华发生轻的1999年和2009年的6～8月，降水量分别为1020.8mm和640.3mm。

位于粤东的汤溪水库，1997年以来通常是在枯水期（10～11月份）频繁发生蓝藻水华，但在2003年，蓝藻水华提前在7月份发生。出现这一反常现象的原因，是2003年汛期（7月份）降水量只有64mm，远小于往年的同期降水量（赵孟绪，韩博平，2005）。

刘心愿等（2018）研究了降雨对香溪河蓝藻水华消退影响及其机制，发现降雨对蓝藻水华的消退作用受到人们的普遍认同，随着降雨强度的增加，对藻类水华的消退作用逐渐明显。

上述例证资料说明，降水量与蓝藻水华发生程度呈负相关关系。较大降雨过程往往伴随着气温的大幅下降，加上雨水温度又低，致使水体表层水温降低，上下水层温差减小或消失，引起水体上下紊动交流，打破了上下水温的分层。

三、上表水层营养限制是导致蓝藻水华暴发的根本原因

1. 水温分层与蓝藻水华发生的相关性分析研究

一些学者对水温分层与蓝藻水华发生的相关性进行了研究分析。刘流等（2012）在《水温分层对三峡水库香溪河库湾春季水华的影响》一文中讨论分析，三峡水库蓄水后，水库干流及其支流流速急剧下降，香溪河库湾的平均流速降至0.0012～0.0037m/s，导致水体滞留时间大幅延长，有助于水温分层的发生，并指出水温分层是春季水华暴发的直接诱因。刘心愿等（2018）也认为水温分层是春季蓝藻水华暴发的根本原因。但这些研究并没有针对水温分层与蓝藻水华暴发之间的相关性机理给予科学论证，或没有给出令人信服的合理解释。

赵孟绪和韩博平（2005）在《汤溪水库蓝藻水华发生的影响因子分析》一文中表明，低降雨量有助于水体稳定，水体易出现水温分层，进而导致大面积蓝藻水华的提前发生。讨论中进一步分析，微囊藻悬浮机制的作用在水体发生分层时会表现得更为显著，当水体发生垂直混合时，微囊藻的悬浮机制优势则丧失，通过混合的方式降低水体稳定性则能抑制微囊藻水华的发生。但蓝藻（微囊藻）悬浮机制为什么会在水体发生分层时表现得更为显著，而当水温分层被打破，水体发生垂直混合时，蓝藻（微囊藻）的悬浮机制为什么会丧失，蓝藻（微囊藻）水华为什么会受到抑制，上述研究并没有给出进一步具体的科学论证或合理解释。

2. 上水层营养缺乏引起藻类间的竞争是蓝藻启动悬浮机制的直接诱因

夏秋高温季节，藻类增殖旺盛。尤其上水层的光照层，光照强，水温高，光合作用旺盛，藻类增殖更加迅猛，消耗大量的营养元素。此时由于水温差往往造成水体的上下分层现象，致使上下水层难以交流，中下水层的营养元素难以补充到上水层，上水层不可避免地出现局部营养元素缺乏的状况。

结合有关藻类吸收利用水中营养元素方面的知识，以及认识到蓝藻得天独厚的竞争优势，当上水层出现局部的营养元素缺乏时，其他藻类无法与蓝藻竞争，难以生长，使蓝藻“一藻独大”，占据绝对优势，蓝藻生物量迅速增加。

在蓝藻与其他藻类竞争营养元素的过程中，蓝藻又一竞争优势——悬浮机制启动。已有文献（秦伯强等，

2016）报道，当蓝藻细胞生长面临营养缺乏时，细胞为了节约能量，会将通过光合作用固定的胞内物质转移分泌至细胞外。这些物质称为胞外多糖。胞外多糖通常以两种形式存在，其一为荚膜（或称胶鞘），其二为黏液层。夹膜和黏液层具有黏滞性，可以将蓝藻单细胞黏着成群体，从而在群体内部形成细胞间空隙（张永生等，2011），细胞间空隙提供的浮力致使蓝藻群体上浮至水面，从而占据有利的竞争生态位。

蓝藻细胞分泌胞外多糖，既是蓝藻细胞面对不利环境的生存策略，又是蓝藻在藻类种间吸收利用营养元素方面绝对竞争优势的体现。导致蓝藻这种悬浮机制启动的诱因，就是上水层局部的营养缺乏。

孔繁翔等（2009）培养微囊藻模拟蓝藻水华形成的实验中，添加了大量的营养盐，但微囊藻总是以单细胞状态存在，也就是说，再“富裕”的营养水体都难以促使微囊藻形成群体上浮到液面。蓝藻（微囊藻）细胞只有面临营养盐缺乏等环境胁迫条件下，才会分泌大量的胞外多糖。

自然湖泊中蓝藻水华暴发水域出现高浓度的胞外多糖（秦伯强等，2016），这一现象验证了使蓝藻单细胞黏着成群体的，正是其分泌的胞外多糖。张永生等（2011）通过实验得出，蓝藻群体是细胞间空隙存在的前提，而胞外多糖是形成蓝藻群体的黏合剂。蓝藻群体细胞间空隙提供的浮力，是蓝藻悬浮机制启动并形成水华的主要动力。

综合上述多方面论据及其相互印证，论证得出上水层营养缺乏引起藻类间的竞争是蓝藻启动悬浮机制的直接诱因。

3. 上表水层营养限制是导致蓝藻水华暴发的根本原因

数量上已经处于绝对优势的蓝藻，形成群体上浮至水面，占据着有利的竞争生态位。“疯长”的蓝藻致使上表光照层营养元素进一步大量消耗。假如上下水温分层的状况持续下去，营养元素很快又成为蓝藻自身的限制因子。该过程中，磷及一些微量元素（如锌元素）等常常成为蓝藻的限制性营养因子。结果导致大量的蓝藻整体老化，快速进入衰亡期而大量死亡、腐烂变质，散发异味，这就是蓝藻水华暴发持续发展的主要特征。

悬浮机制启动前蓝藻生物量越大，则藻类间营养竞争越激烈，促使蓝藻细胞分泌的胞外多糖越多，黏着形成的群体越大，蓝藻群体上浮至水面的速率越快，蓝藻水华“暴发”式特性越显著，程度越严重。

秦伯强等（2016）在不同大小蓝藻群体的上浮速率

测定实验中发现，蓝藻群体上浮速率随着群体的增大而大幅增加，最大群体（＞425μm）上浮速率可以达到0.77±0.23cm/s；数量占比最多的蓝藻群体（100～425μm）上浮速率是0.30±0.08cm/s；而粒径小于20μm的蓝藻单细胞或多细胞上浮速率很小，仅为0.0002±0μm，只是悬浮于水体中。蓝藻单细胞靠其伪空胞的浮力，仅能使蓝藻细胞悬浮于水体，这一结论与张永生等（2011）、孔繁翔和高光（2005）室内模拟实验结论一致，并相互印证。

前面提到的宿鸭湖水库与南湾水库的例子中，宿鸭湖水库属大型平原湖泊型水库（董长兴等，2017），水浅，平均水深仅1.5m左右，库底淤积严重，淤泥厚度0.5～1.5m，平均厚度1m左右。水库周边地势平坦，湖面开阔，没有遮挡，平时风浪就能扰动上下水层，较大风浪可以搅动底部淤泥，很难出现上表水层营养缺乏的现象，所以不易发生蓝藻水华的大面积暴发。而南湾水库环湖皆山，湖中散布着61座岛屿，岛上绿树成林。平均水深15m左右，深水区域20～30m。由于遮挡，平常风力引起的紊流很小，水体稳定性好，容易形成上下水温分层，下水层营养物质难以补充到上表水层，上表水层易出现营养限制，从而发生蓝藻水华。

四、有效避免蓝藻水华暴发的措施

武胜利等（2009）根据 2003—2007 年逐年 4～10月的卫星遥感监测的太湖蓝藻图像信息，并结合地面气象观测资料进行了综合分析。2007 年 5 月 19—20 日的监测观测资料显示，5 月 19 日太湖蓝藻水华大面积暴发，覆盖了太湖北部、西部及中部的大部分区域，而到了 20 日，蓝藻水华的面积大幅度萎缩与消退。查阅当时的气象资料发现，温度与降雨方面均无差异，只是风力发生了变化。5 月 19 日白天到 15 时为止，太湖湖面风速始终在 3m/s 以下，19 日 18 时风速开始增大，到 22 时风速增加到 10m/s，20 日全天的风速始终保持在 5m/s 以上。

2007 年 8 月 30 日，通过卫星遥感监测图像发现太湖湖面显示有大面积蓝藻水华的信息，9 月 3 日出现了 50mm 的降雨，9 月 6 日的中分辨率成像光谱仪（MODIS）晴空影像显示，太湖湖面基本没有蓝藻水华信息。

2007 年是太湖蓝藻水华暴发相当严重的一年，大自然用大风、大雨告诉了我们让大面积蓝藻水华消退的答案，那就是打破上下水温分层，促使上下水层掺混、

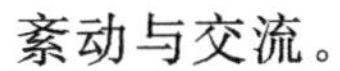
紊动与交流。

因此，有效避免蓝藻水华暴发的措施包括：湖泊或水库蓝藻水华困扰的流行期间，晴朗天气又处于风平浪静的下午时分，打破水温分层，人为促进上下水层交流及底泥再悬浮释放，使中下层及底泥的营养物质及时补充至上表水层，消除上表水层的营养限制，就能有效避免蓝藻水华的暴发。该措施效果好，经济可行，成本低，简捷易操作。

第六章

发展湖库渔业碳汇助力碳中和的实现

“十四五”时期，我国生态文明建设进入了以降碳为重点战略方向、推动减污降碳协同增效、促进经济社会发展全面绿色转型、实现生态环境质量改善由量变到质变的关键时期。做好碳达峰、碳中和工作，加快形成绿色生产生活方式，是我们今后努力的目标。

第一节 碳汇渔业与生物固碳

我国海洋面积辽阔，湖泊水库资源丰富，同时我国又是水产养殖大国，在发展碳汇渔业方面具有巨大潜力。碳汇渔业的发展不仅能保障粮食安全，提供更多优质蛋白，改善人民膳食营养结构，还能发挥“负碳”渔业的生态服务功能，为实现碳中和发挥积极作用。

碳汇渔业是经济生态化和生态经济化的最佳结合点，是绿色发展理念在渔业领域的具体体现，彰显了食物供给和净化生态环境两大功能，能够产生一举多赢的效应。

一、碳汇与碳汇渔业

1. 碳汇

碳汇指通过植树造林、森林管理、植被恢复等措施，利用植物光合作用吸收大气中的二氧化碳，并将其固定在植被和土壤中，从而减少温室气体在大气中浓度的过程、活动和机制。传统“碳汇”主要指林业碳汇，并没有体现渔业碳汇。《巴黎协定》和《京都议定书》中没有关于渔业碳汇功能的表述，因此其中延伸出来的碳汇交易和碳汇项目尚不包括渔业碳汇。

温室气体是指大气层中自然存在的和人类活动产生的，能够吸收和散发由地球表面、大气层和云层所产生的波长在红外光谱内的辐射的气态成分，主要指二氧化碳（CO_2）、甲烷（CH_4）等。

2. 碳汇渔业

碳汇渔业主要是指通过渔业生产活动促进水生生物吸收水体中的二氧化碳，并通过收获渔获物产品，把这些碳移出水体的过程和机制。

根据联合国《蓝碳》报告，地球上超过一半（55%）的生物碳或绿色碳捕获是由海洋生物完成的，这些海洋生物包括浮游生物、细菌、海藻、盐沼植物和红树林。因此，“碳汇渔业”的概念是从海洋具有巨大碳汇功能的认识而来的。海洋中如藻类养殖、贝类养殖、增殖放流以及渔业捕捞等，只要是不投饵的渔业生产活动就可形成海洋碳汇，称为海洋碳汇渔业。

海洋生物以及渔类具有生物固碳的碳汇功能，而我国有着丰富的湖库资源，又是世界上水产养殖第一大国，养殖产量高于其他国家和地区的合计产量。因此，这两年来碳汇渔业已经成为议论、研究的热点。

大力宣传碳汇渔业方面，有些模糊、似是而非的论述，认为发展水产养殖就能产生碳汇，有利于碳中和。这些认识误区的存在不利于碳汇渔业的发展，我们不能片面地、想当然地认为养殖渔类的捕获带出了多少碳，还要考虑投喂饲料投入多少碳源，饲料利用率怎么样，残饵粪便等有机物分解释放了多少二氧化碳。因此，应该划出一条清晰的界线，只要是投饵的养殖渔业就排除到碳汇渔业范围之外。

二、水域生态系统的碳源与生物固碳

1. 碳源

水域生态系统产生的二氧化碳等碳源，主要来自呼吸过程。呼吸过程中消耗氧气，释放二氧化碳。呼吸过程包括生物呼吸和水体呼吸（水呼吸、底泥呼吸）。生物呼吸指水域所有水生生物维持生命活动进行的呼吸作用；水体呼吸是指水体悬浮有机物以及沉积有机物的分解过程，该过程同生物呼吸作用一样消耗氧气、释放二氧化碳。二氧化碳主要来自水体呼吸，生物呼吸只是其中一小部分。

水体悬浮有机物絮凝沉淀成为底泥的一部分，底泥中沉积有机物也可悬浮再释放，两者可以相互转化。有机物分解在有氧环境下消耗氧气、放出二氧化碳，缺氧环境条件下则进行厌氧分解，释放甲烷。富营养化程度严重的湖泊、水库，存在水温分层难以上下交流，底层常常处于缺氧状态，沉积有机物厌氧分解，产生亚硝酸盐、氮气、硫化氢和甲烷等。典型例子就是内蒙古的乌梁素海沉积着大量有机物，夏秋高温季节底部泛起氮气、硫化氢和甲烷的现象非常严重，也非常明显。

享有“地球之肾”美誉的湿地，往往被寄予生态修复的厚望，近十年来出于富营养化污染治理，建立了很多人工生态工程湿地。这些湿地滞留着大量的沉积有机物，湿地生境常常成为排放二氧化碳、甲烷等温室气体的释放源。据有关专家研究，湿地甲烷释放量已经占到大气甲烷总释放量的20％。随着湿地富营养化程度的加剧，未来甲烷的释放量将会大幅增加，而且排放1t甲烷相当于排放21t二氧化碳当量。

2. 生物固碳

生物固碳就是利用植物的光合作用，将二氧化碳转化为碳水化合物，以有机碳的形式固定在植物体内，提高生态系统的碳吸收和碳储存能力，从而降低二氧化碳在大气中的浓度。这个定义对于森林、林业固碳是合适的，因为树木生命周期长，而对于水域生态系统，其生物固碳仅限于能光合作用的植物，就难以产生理想的固碳效果。水域生态系统吸收二氧化碳进行光合作用的植物主要是浮游植物，也就是藻类，藻类生命周期都很短。藻类自身固定的有机碳若不能通过食物链（网）传递给后续的水生生物，任凭藻类自生自灭，死亡的藻体回归水体后，其自身固定的碳水化合物进行分解重新释放出二氧化碳，不能起到实质的固氮作用。

由此推断，水域生态系统水生生物活着时起固碳作用，而死亡的水生生物体就变成释放二氧化碳的碳源。因此，鲜活水生生物量越大，其生物固碳量就越多。渔类处于水域食物链（网）金字塔模型的上顶部，要产出一定量的渔获物，就需要有庞大的鲜活饵料生物基础。若站在碳汇渔业角度，需要考虑湖库水域生态系统食物网结构的完整性，维持基础食物源向上面营养级传递的运转，避免出现向上传递的能量流出现断档、难以衔接的现象，进而提高物质能量的转化效率，尽量提高渔获物的产量。

第二节　碳中和及其实现途径

碳中和，也就是二氧化碳的“零排放”，首先计算二氧化碳的排放总量，然后通过植树造林等碳汇方式把这些二氧化碳吸收掉。碳中和是在碳达峰的基础上逐步减少碳排放并实现净零排放。碳达峰的实现时间和峰值高低直接影响碳中和的实现难度，面对我国确立的降碳目标，碳达峰时间越早，碳中和可利用的时间就越多；碳达峰的峰值越高，减碳的任务就越重，实现碳中和要求的技术水平和减碳难度就越高。

实现碳中和目标，需要从碳排放减排和碳汇（吸收）两端共同努力。

1. 碳排放减排方面采取的有效措施

碳排放减排的对象主要是传统能源型产业，比如石油、化工、建材、钢铁、有色金属、造纸、电力、航空等高耗能高排放的企业。首先是对这些传统能源型产业进行升级，提升能源利用效率，减少碳排放，同时逐步用清洁能源去替代化石能源。清洁能源就是指风能、光伏、水电、核电等，它们发电是不产生二氧化碳的。其次是产业结构调整，降低这些行业的占比。

2. 碳汇（碳吸收）方面

加强森林资源培育，开展国土绿化行动，不断增加森林面积和蓄积量。加强生态保护修复，增强草原、绿地、湿地等自然生态系统的固碳能力。除此之外，还需要大力发展培育湖库碳汇渔业，努力增加水体生态碳汇。

碳中和不仅是一个口号，更是中国经济发展和产业升级的行动指南。在碳中和目标下，经济发展的动力将更多地由资源利用效率更高、能源消耗更少、对环境影响更小以及成本结构更优的产业体系来支撑。这就意味着，碳中和将通过自上而下的规划和市场优胜劣汰的机制，加速落后产能的出清，推动新技术的广泛应用，进而实现中国经济发展质量的提升。

第三节 渔业碳汇评估方法与评估标准的探讨

湖库渔业作为碳汇渔业的重要组成部分，是发展绿色生态渔业和碳汇渔业的重要方向之一，并已经受到学术领域、管理部门等方面的广泛关注，但目前关于湖库渔业碳汇量的评估方法仍未形成标准，具体方法、应用处于学术探讨阶段。

一、移出碳汇量与生物固碳量

渔获物捕捞带出水体的碳（移出碳汇量），其实只是渔业碳汇的一部分。要产出足量渔获物，必须有庞大的饵料生物基础来支撑，这些巨量的饵料生物量，其固碳量远远大于渔获物自身，饵料生物固碳量才是渔业碳汇的主要部分。

二、湖库渔业营养级法碳汇量评估分析探讨

岳冬冬等（2018）采用营养级法评估福建省淡水捕捞渔业碳汇量，并假定水域生态系统食物链（网）营养级之间物质能量的传递效率保持一定。具体公式为：

$$C=\sum_{i}\frac{y_i}{E^{\gamma_i-1}}\times\omega$$

其中，C 表示营养级方法评估的碳汇量；y_i 表示种类 i 的捕捞产量；E 表示物质能量在不同营养级生物之间的平均传递效率；γ_i 表示种类 i 的营养级；ω 表示浮游植物的碳含量平均值。借鉴相关研究成果，设定 E 的值为 13.5%，ω 的值为 0.35。

根据对 20 条水库捕捞渔业样本船生产数据进行的统计，总产量为 34.52t。其中草鱼、鳙、鲤、白鲢、黄尾鲴、黄颡鱼、翘嘴鲌、罗非鱼、日本沼虾等 9 个品种为优势种，产量超过 1t，草鱼产量最高，达到 7.55t。按照营养级原理及能量传递理论，套用上述公式，计算出水库捕捞渔业样本船生产移出碳汇量，总碳汇量为 859.70t。详细结果如表 6-1 所示。

表 6-1 水库捕捞渔业样本船生产移出碳汇量评估结果

种类	产量/kg	营养级	碳汇量/t
草鱼	7551.5	2.0	19.58
鳙	5713	2.8	73.51
杂鱼	3465	3.09	79.68
鲤	2972.5	3.1	69.74
白鲢	2965.5	2.0	7.69
黄尾鲴	2683	2.7	28.26
黄颡鱼	2019.5	3.5	105.55
翘嘴鲌	1847.5	3.4	79.04
罗非鱼	1076	2.05	3.08
团头鲂	739	3.4	31.62
鳜鱼	548.5	4.5	212.36
鳌条	513	2.8	6.61
鲫	336	2.0	0.87
翘嘴红鲌	323	4.4	102.36
鲇鱼	89	4.4	28.20
赤眼鳟	50	2.7	0.53
蒙古红鲌	34.5	3.4	1.48
乌鳢	9	4.4	2.85
闽江扁尾薄鳅	8.5	3.3	0.30

续表

种类	产量/kg	营养级	碳汇量/t
鳡	7.5	2.5	0.05
青鱼	7	3.2	0.20
日本沼虾	1304.5	2.2	5.05
螺	255	2.25	1.09
合计	34518		859.7

注：表中营养级与书中有所差异。

依据公式 $C=\sum_i \frac{y_i}{E^{\gamma_i-1}}\times\omega$ 计算的营养级法碳汇量，是将食物链（网）金字塔模型底部基础庞大的饵料生物的固碳量包括在内，因此湖库渔业碳汇量远远大于渔获物的产量。从表 6-1 中合计结果来看，碳汇量约是渔获物产量的 25 倍。

上述评估方法只是湖库渔业碳汇量评估标准、方法的一种探讨、尝试，或说是一种思路。至于公式是否科学合理，营养级之间物质能量转化效率能否达到 13.5%等，有待商榷。

开展湖库渔业碳汇量评估标准和方法的专项专题研究非常必要和紧迫，如果能够有一套严谨的、科学的测算体系，制定出国际社会广泛认可的渔业碳汇的核证标准，将有利于在后《巴黎协定》相关国际性谈判中，按照国际气候变化政策的相关文件规定，建立相应的对话机制，将渔业碳汇量纳入国内及国际统一的碳排放交易市场中，其意义非常重大。

第四节 碳交易

一个有效的碳交易市场，能够达到资源配置效率最大化、运行机制科学化、交易成本最小化。依据这个原则，有效完善的碳市场是两个市场的结合体，一个是基于碳配额交易的强制市场，另一个是为低碳、脱碳（碳汇）企业打造的自愿减排市场。强制市场是主体，与强制市场相结合并起辅助作用的是自愿减排市场。

碳交易市场具有双重作用：一方面对传统能源行业有约束作用，就是要让那些高排放企业为环境买单；另一方面对新能源企业、碳汇项目有激励作用，具有巨大的红利。也就是说，未来任何和绿色低碳发展有关的行业，比如风能、光伏等清洁能源的开发、储能、运输，还有新能源汽车、碳汇林业、碳汇渔业，以及从事循环利用和碳捕捉领域的企业等，碳市场具有绝对的空间和

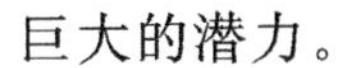

巨大的潜力。

一、碳配额交易的强制市场

建立碳强制市场的目的就是约束企业的温室气体排放，让企业通过购买排放配额的方式支付环境成本。既然如此，这个市场首先就应该是一个强制市场。那怎么强制企业参与交易？世界上通行的做法，是确定覆盖行业的范围，只要企业被纳入范围里，就必须进入碳市场，参与碳交易。

碳交易是指碳排放配额，或者说碳排放权的交易，是人类实现气候治理的一种有效经济手段。具体来说，就是先由相关部门根据国家减排的总目标制定一个排放总量，再按照一定的方法，把总量分配给各个排放主体，同时允许排放主体自由交易各自的配额。

这里的排放主体，一般是指在社会生产活动中产生二氧化碳高排放量的企业和机构，比如火电厂、化工厂、建材厂等。排放主体同时也是交易主体，在配额总量限制下，如果企业用不完自己的配额，就可以把它拿到市场上来卖；如果企业的配额不够用，就要到市场上从别的交易主体那里买。配额的价格，由买卖双方自由协商。这就是碳交易。

1. 碳配额的稀缺性

碳配额是指在碳排放权交易市场中，参与碳排放权交易的单位和企业依法取得，可用于交易和碳市场重点排放单位温室气体排放量抵扣的指标。1个单位碳配额相当于1t二氧化碳当量。

强制碳市场首先应该是一个配额市场，不仅要让企业强制参与，还要规定碳市场的配额总量，而且这个总量要低于实际的排放量，这样才能保证配额的稀缺性，才能让参与者有动机交易。

如何制定合理的规则，来保障碳排放权的稀缺性呢？首先是配额发放的松紧。为了实现碳中和的减排目标，市场上的配额总量应该逐年减少。也就是说，碳排放权应该越来越稀缺。欧盟碳市场从2013年起，每年配额总量减少1.74%，不断收紧，就是这个逻辑。

而总量明确，不仅包括明确每一年发放的配额数量，还包括明确行业的覆盖范围，配额发放的方式、松紧，以及履约机制的确定，还有是否开发金融衍生品、允许期货交易、允许民众成立公益性的监督组织，等等。

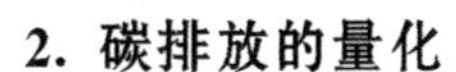

2. 碳排放的量化

碳排放权和黄金、石油不一样，它看不见摸不着，是一种虚拟商品，本质上来说就是一堆数据。怎么保证企业报上来的排放量是准确、真实的呢？这就需要一套科学的测算体系，或者说标准。根据这些标准对碳排放量进行测算的工作称为碳排放的量化。

目前国际上通用的量化技术方法有三种，分别是排放因子法、质量平衡法及实测法。

二、自愿减排市场

碳市场的成本或代价由谁来付？就是以石油、化工、建材、钢铁、有色金属、造纸、电力、航空为代表的，传统的能源型企业，以及和这些行业相关的上下游产业链的企业。碳市场的红利或收益谁能得？就是光伏、风电、碳汇产业等。实施运作机制就需要通过自愿减排市场。自愿减排市场交易的商品是基于减排项目产生的核证减排量和碳汇项目的碳汇量。

1. 清洁发展机制与核证减排量

清洁发展机制就是自愿减排市场的雏形，英文缩写为 CDM。清洁发展机制允许工业化国家的投资者在发展中国家实施有利于发展中国家可持续发展的减排项目，从而减少温室气体排放量，以履行发达国家在《京都议定书》中所承诺的限排或减排义务。由工业化发达国家提供资金和技术，在发展中国家实施具有温室气体减排效果的项目，而项目所产生的温室气体减排量则列入发达国家履行《京都议定书》的承诺。

我国从 2005 年清洁发展机制刚刚成立，就积极参与进来，通过清洁发展理事会获得项目登记注册。我国许多光伏产业、风电产业通过这个机制，获得了非常宝贵的初始资金，然后逐渐发展壮大。

自愿减排市场上交易的减排量必须得真实准确，不然市场就没有信用，就会失去效能。而要想得到严谨的核证减排量，必须要有科学、标准的计算方法。不仅如此，因为能够产生减排量的项目，互相之间差异很大，所以每个项目都应该对应一种方法。关于这些项目减少了多少碳排放，国际上会有相应的核证标准，通过国家核实认证，这个核证减排量才能成为碳市场上交易的商品。

2. 碳汇项目

清洁发展机制在第一个承诺期（2008—2012 年），

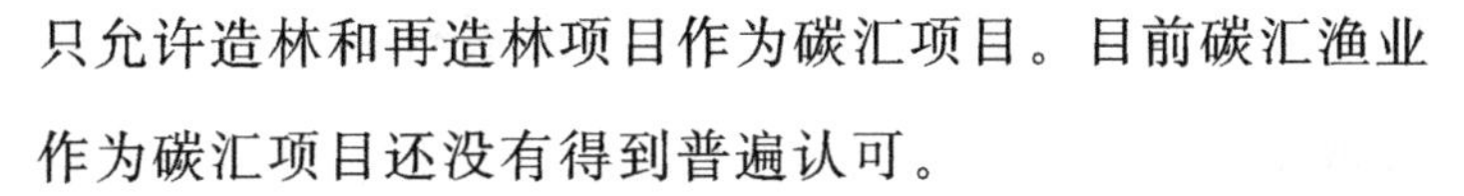

只允许造林和再造林项目作为碳汇项目。目前碳汇渔业作为碳汇项目还没有得到普遍认可。

这里通过一个案例，说明高碳控排企业是如何通过购买碳汇项目的碳汇量，来降低自己的履约成本的。同时也说明了目前在我国，已经有大量为碳汇做出贡献的企业，还有为循环经济做出贡献的企业，通过这个碳市场机制获得了丰厚收益。

2021年6月25日，岳阳林纸股份有限公司和内蒙古包钢钢联股份有限公司达成了一个协议，岳阳林纸将向包钢股份提供每年不少于200万吨的核证碳汇量，周期不少于25年，总量不少于5000万吨。

包钢股份是一家传统的钢铁企业，也是排碳大户，曾经多次因环保问题受到过处罚。而岳阳林纸的主营业务是造纸，近年来一直在发展林浆纸一体化模式，做了很多碳汇项目。这里所谓的“碳汇”，就是植树造林。它在湖南、湖北、广西等地种植了很多树，可以说为环保做出了贡献。所以经过核证，岳阳林纸就拥有了大量的碳汇量。

三、我国碳交易市场发展情况

我国碳交易市场发展经历了三个阶段。第一阶段，

2005—2012 年借助国际社会清洁发展机制，对碳市场形成基本认知，熟悉交易规则；第二阶段，2013—2020 年尝试发展自己的碳市场交易试点；第三阶段，2021 年 7 月 16 日起，全国碳排放权交易市场正式启动上线交易。

第一阶段，借力清洁发展机制。国际社会为了解决发展中国家减排和发展的两难困境，在《京都议定书》里设立了一个清洁发展机制。其实质内容就是发展中国家可以先不建立自己的强制减排市场，而是通过建立减排项目，先参与到发达国家的市场里，获得经济收益。这对中国来说是一个很好的历史机遇。一方面，碳交易是一个非常陌生的事物，借助 CDM，我国能熟悉其“游戏规则”，理解背后的原理；另一方面，我国是核证减排量的卖方，可以获取一定的收益。

第二阶段，《京都议定书》第一承诺期（2005—2012 年）届满之后，欧美发达国家的履约意愿开始下降，购买中国企业贡献的减排量的需求开始减少。但这个时候我国已经具备了一定实力，可以尝试发展自己的碳市场。2013 年起，我国先后在深圳、上海、广东、北京、天津、湖北、重庆、福建 8 个省市建立了碳排放权交易试点，一直运行到现在。

第三阶段，启动全国统一碳市场。

2021 年 7 月 16 日，全国碳排放权交易市场正式启动上线交易。碳交易成为国家实现碳达峰、碳中和的重要政策性工具。

参考文献

[1] Bronmark C，Hansson L A. 湖泊与池塘生物学［M］. 韩博平，等译 . 2 版 . 北京：高等教育出版社，2013.

[2] 袁桂香，吴爱平，葛大兵，等 . 不同水深梯度对 4 种挺水植物生长繁殖的影响［J］. 环境科学学报，2011，31（12）：2690-2697.

[3] 张振华，高岩，郭俊尧，等 . 富营养化水体治理的实践与思考——以滇池水生植物生态修复实践为例［J］. 生态与农村环境学报，2014，30（1）：129-135.

[4] 曹昀，胡红，时强 . 沉水植物恢复的透明度条件研究［J］. 安徽农业科学，2012，40（3）：1710-1711.

[5] 顾燕飞，王俊，王洁，等 . 不同水深条件下沉水植物苦草（*Vallisneria natans*）的形态响应和生长策略［J］. 湖泊科学，2017，29（3）：654-661.

[6] 秦伯强，张运林，高光，等 . 湖泊生态恢复的关键因子分析［J］. 地理科学进展，2014，33（7）：918-924.

[7] 杜雨春子，青松，曹萌萌，等 . 乌梁素海沉水植物群落光谱特征及冠层水深影响分析［J］. 湖泊科学，2020，32（4）：1100-1115.

[8] 于瑞宏，李畅游，刘廷玺，等 . 乌梁素海湿地环境的演变［J］. 地理学报，2004（6）：948-955.

[9] 包菡，卓义，刘华民，等 . 乌梁素海芦苇湿地遥感生物量估算研究［J］. 干旱区研究，2016，33（5）：1028-1035.

[10] 岳丹，刘东伟，王立新，等．基于 NDVI 的乌梁素海湿地植被变化 [J]．干旱区研究，2015，32 (2)：266-271.

[11] 薛庆举，汤祥明，龚志军，等．典型城市湖泊五里湖底栖动物群落演变特征及其生态修复应用建议 [J]．湖泊科学，2020，32 (3)：762-771.

[12] 姜霞，王书航，杨小飞，等．蠡湖水环境综合整治工程实施前后水质及水生态差异 [J]．环境科学研究，2014，27 (6)：595-601.

[13] 赖新河．宿鸭湖水库清淤扩容工程效益评价 [J]．河南水利与南水北调，2019，48 (12)：60-61.

[14] 陈保成．河南省白沙水库水污染治理及生态修复探析 [J]．四川水泥，2019 (8)：343-344.

[15] 殷名称．鱼类生态学 [M]．北京：中国农业出版社，1995.

[16] 胡忠军，史先鹤，吴昊，等．上海青草沙水库食物网结构特征分析 [J]．水生态学杂志，2019，40 (2)：47-54.

[17] 邓华堂，巴家文，段辛斌，等．运用稳定同位素技术分析大宁河主要鱼类营养层级 [J]．水生生物学报，2015，39 (5)：893-901.

[18] 刘其根，王钰博，陈立侨，等．保水渔业对千岛湖食物网结构及其相互作用的影响 [J]．生态学报，2010，30 (10)：2774-2783.

[19] 吴志旭，兰佳．新安江水库水环境主要问题及保护对策 [J]．中国环境管理，2012 (1)：54-58.

[20] 马晓利，刘存歧，刘录三，等．基于鱼类食性的白洋淀食物网研究 [J]．水生态学杂志，2011，32 (4)：85-90.

[21] 李梦龙，刘晃，方辉，等．白洋淀“以渔养水”生态修复效果

及展望 [J]. 淡水渔业，2020，50 (3)：106-111.

[22] 于佳. 洞庭湖和千岛湖食物网的时空特征研究 [D]. 武汉：华中农业大学，2019.

[23] 赵文. 水生生物学 [M]. 北京：中国农业出版社，2005.

[24] 池仕运，韦翠珍，胡俊，等. 富营养深水水库底栖动物群落与浮游生物相关性分析 [J]. 湖泊科学，2020，32 (4)：1060-1075.

[25] 董长兴，霍吉祥，李子阳，等. 宿鸭湖水库淤积现状调查与影响评价 [J]. 水力发电，2017，43 (8)：1-5.

[26] 耿明生，李金城，马留功. 宿鸭湖水库渔业增产综合技术措施 [J]. 水利渔业，1999，19 (5)：39-40.

[27] 李林春. 实用鱼类学 [M]. 北京：化学工业出版社，2009.

[28] 林明利，张堂林，叶少文，等. 洪泽湖鱼类资源现状、历史变动和渔业管理策略 [J]. 水生生物学报，2013，37 (6)：1118-1127.

[29] 谷孝鸿，曾庆飞，毛志刚，等. 太湖 2007—2016 十年水环境演变及“以渔改水”策略探讨 [J]. 湖泊科学，2019，31 (2)：305-318.

[30] 秦伯强. 浅水湖泊湖沼学与太湖富营养化控制研究 [J]. 湖泊科学，2020，32 (5)：1229-1243.

[31] 孔繁翔，高光. 大型浅水富营养化湖泊中蓝藻水华形成机理的思考 [J]. 生态学报，2005，25 (3)：589-595.

[32] 秦伯强，杨桂军，马健荣，等. 太湖蓝藻水华“暴发”的动态特征及其机制 [J]. 科学通报，2016，61 (7)：759-770.

[33] 孔繁翔，马荣华，高俊峰，等. 太湖蓝藻水华的预防、预测和预警的理论与实践 [J]. 湖泊科学，2009，21 (3)：314-328.

[34] 张永生，李海英，孔繁翔，等．群体细胞间空隙在微囊藻水华形成过程中的浮力调节作用 [J]. 环境科学，2011，32（6）：1602-1607.

[35] 杭鑫，罗晓春，谢小萍，等．太湖蓝藻水华形成的适宜气象指标[J]. 气象科技，2019，47（1）：171-178.

[36] 赵孟绪，韩博平．汤溪水库蓝藻水华发生的影响因子分析 [J]. 生态学报，2005，25（7）：1554-1561.

[37] 张德林，李军，薛正平．淀山湖蓝藻发生程度气象预测模型 [J]. 气象科技，2012，40（3）：481-484，506.

[38] 武胜利，刘诚，孙军，等．卫星遥感太湖蓝藻水华分布及其气象影响要素分析 [J]. 气象，2009，35（1）：18-23.

[39] 刘心愿，宋林旭，纪道斌，等．降雨对蓝藻水华消退影响及其机制分析 [J]. 环境科学，2018，39（2）：774-782.

[40] 刘流，刘德富，肖尚斌，等．水温分层对三峡水库香溪河库湾春季水华的影响 [J]. 环境科学，2012，33（9）：3046-3050.

[41] 蒋发俊．水产养殖用药问题解析与“零用药”的实现 [M]. 北京：化学工业出版社，2019.

[42] 岳冬冬，吕永辉，于航盛，等．基于营养级法的福建省淡水捕捞渔业碳汇量评估探析 [J]. 中国渔业经济，2018，36（5）：74-81.